This series aims at speedy, informal, and high level information on new developments in mathematical research and teaching. Considered for publication are:

1. Preliminary drafts of original papers and monographs

2. Special lectures on a new field, or a classical field from a new point of view

3. Seminar reports

4. Reports from meetings

Out of print manuscripts satisfying the above characterization may also be considered, if they continue to be in demand.

The timeliness of a manuscript is more important than its form, which may be unfinished and preliminary. In certain instances, therefore, proofs may only be outlined, or results may be presented which have been or will also be published elsewhere.

The publication of the "*Lecture Notes*" Series is intended as a service, in that a commercial publisher, Springer-Verlag, makes house publications of mathematical institutes available to mathematicians on an international scale. By advertising them in scientific journals, listing them in catalogs, further by copyrighting and by sending out review copies, an adequate documentation in scientific libraries is made possible.

Manuscripts
Since manuscripts will be reproduced photomechanically, they must be written in clean typewriting. Handwritten formulae are to be filled in with indelible black or red ink. Any corrections should be typed on a separate sheet in the same size and spacing as the manuscript. All corresponding numerals in the text and on the correction sheet should be marked in pencil. Springer-Verlag will then take care of inserting the corrections in their proper places. Should a manuscript or parts thereof have to be retyped, an appropriate indemnification will be paid to the author upon publication of his volume. The authors receive 25 free copies.

Manuscripts in English, German or French should be sent to Prof. Dr. A. Dold, Mathematisches Institut der Universität Heidelberg, Tiergartenstraße or Prof. Dr. B. Eckmann, Eidgenössische Technische Hochschule, Zürich.

Die „*Lecture Notes*" sollen rasch und informell, aber auf hohem Niveau, über neue Entwicklungen der mathematischen Forschung und Lehre berichten. Zur Veröffentlichung kommen:

1. Vorläufige Fassungen von Originalarbeiten und Monographien.

2. Spezielle Vorlesungen über ein neues Gebiet oder ein klassisches Gebiet in neuer Betrachtungsweise.

3. Seminarausarbeitungen.

4. Vorträge von Tagungen.

Ferner kommen auch ältere vergriffene spezielle Vorlesungen, Seminare und Berichte in Frage, wenn nach ihnen eine anhaltende Nachfrage besteht.

Die Beiträge dürfen im Interesse einer größeren Aktualität durchaus den Charakter des Unfertigen und Vorläufigen haben. Sie brauchen Beweise unter Umständen nur zu skizzieren und dürfen auch Ergebnisse enthalten, die in ähnlicher Form schon erschienen sind oder später erscheinen sollen.

Die Herausgabe der „*Lecture Notes*" Serie durch den Springer-Verlag stellt eine Dienstleistung an die mathematischen Institute dar, indem der Springer-Verlag für ausreichende Lagerhaltung sorgt und einen großen internationalen Kreis von Interessenten erfassen kann. Durch Anzeigen in Fachzeitschriften, Aufnahme in Kataloge und durch Anmeldung zum Copyright sowie durch die Versendung von Besprechungsexemplaren wird eine lückenlose Dokumentation in den wissenschaftlichen Bibliotheken ermöglicht.

Lecture Notes in Mathematics

A collection of informal reports and seminars
Edited by A. Dold, Heidelberg and B. Eckmann, Zürich

Series: Forschungsinstitut für Mathematik, ETH, Zürich · Adviser: K. Chandrasekharan

29

K. Chandrasekharan
Eidgenössische Technische Hochschule, Zürich

Einführung in die Analytische Zahlentheorie

1966

Springer-Verlag Berlin Heidelberg GmbH

ISBN 978-3-540-03611-1 ISBN 978-3-540-34855-9 (eBook)
DOI 10.1007/978-3-540-34855-9

Library of Congress Catalog Card Number 66-30184. Title No. 7349.

Vorwort

Diese Arbeit ist eine Zusammenfassung der Vorlesung, die ich im Wintersemester 1965/66 in englischer Sprache an der E.T.H. gehalten habe. Herr J. Steinig hat sie sorgfältigst in der Vortragssprache abgefasst und ins Deutsche übertragen. Die Herren M. Brühlmann, H. Leutwiler und U. Suter haben den deutschen Text freundlichst durchgelesen und an seiner endgültigen, stilgerechten Fassung mitgearbeitet. Ihnen allen gebührt mein Dank.

K.C.

Literaturverzeichnis

1. G.H. Hardy and E.M. Wright, "An Introduction to the Theory of Numbers", Clarendon Press, Oxford, 1954.

2. H. Rademacher, "Lectures on Elementary Number Theory", Blaisdell Publishing Company, 1964.

3. A.E. Ingham, "The Distribution of Prime Numbers", Cambridge University Press, 1932.

4. H. Weyl, "Ueber die Gleichverteilung von Zahlen mod. Eins", Math. Annalen 77, 313-352 (1916).

5. C.L. Siegel, "Ueber Gitterpunkte in Convexen Körpern und ein damit zusammenhängendes Extremalproblem", Acta Math. 65, 307-323 (1935).

Inhaltsverzeichnis

KAPITEL I. - DER FUNDAMENTALSATZ DER ELEMENTAREN ZAHLENTHEORIE

Teilbarkeit. Eine ganze Zahl a heisst durch die ganze Zahl $b \neq 0$ teilbar, falls es eine dritte ganze Zahl c gibt derart, dass $bc = a$ ist. Wir sagen auch, b sei ein Teiler von a, oder b teile a, und schreiben dafür $b|a$. Ist $b \neq 0$ und a nicht durch b teilbar, so schreibt man $b \nmid a$. Man bestätigt leicht die folgenden Eigenschaften:

aus $b|a$ und $a > 0$, $b > 0$ folgt $1 \leq b \leq a$;
aus $b|a$ und $c|b$ folgt $c|a$;
aus $b|a$ und $c \neq 0$ folgt $bc|ac$;
aus $c|a$ und $c|b$ folgt $c|ma+nb$ für alle ganzen Zahlen m, n .

Primzahlen. Eine ganze Zahl $p > 1$ heisst Primzahl, wenn sie keine positiven Teiler ausser 1 und p besitzt.

Eine ganze Zahl $n > 1$, die keine Primzahl ist, heisst zusammengesetzt.

In diesem Kapitel werden wir zeigen, dass sich jede ganze Zahl $n > 1$ als Produkt von Primzahlen darstellen lässt und dass diese Darstellung, abgesehen von der Reihenfolge der Faktoren, eindeutig ist.

Wir werden auch zeigen, dass es unendlich viele Primzahlen gibt.

Satz 1: Jede ganze Zahl $n > 1$ ist als Produkt von Primzahlen darstellbar.

Beweis: Da $n > 1$ ist n entweder eine Primzahl oder eine zusammengesetzte Zahl. Im ersten Fall ist nichts zu beweisen. Andernfalls gibt es nach Definition natürliche Zahlen m derart, dass $1 < m < n$ und $m|n$. Sei m der kleinste dieser Teiler von n; dann muss m eine Primzahl sein, sonst würde m einen Teiler k, $1<k<m$, besitzen, der auch Teiler von n wäre, im Widerspruch zur Minimaleigenschaft von m.

Also ist m eine Primzahl; wir setzen $m = p_1$ und $n = p_1 r$. Es ist $1 < r < n$, und wir können dieselbe Ueberlegung für r wiederholen. Wir bekommen dann $n = p_1 p_2 s$, $1 \leq s < r < n$. Dieses Verfahren bricht nach endlich vielen Schritten ab, denn zwischen 1 und n gibt es nur endlich viele ganze Zahlen.

Wir bekommen also eine Zerlegung

$$n = p_1 p_2 \ldots p_t \quad \text{mit} \quad p_1 \leq p_2 \leq \ldots \leq p_t , \tag{1}$$

was zu beweisen war.

Nebenbei bemerken wir, dass falls $n = ab$, a und b nicht beide grösser als $\sqrt{n}$ sein können. Folglich ist jede zusammengesetzte Zahl n durch eine Primzahl $p \leq \sqrt{n}$ teilbar.

Bei der Zerlegung (1) von n in Primfaktoren ist es möglich, dass sich gewisse Faktoren wiederholen. Indem wir diese Primfaktoren zusammenfassen, erhalten wir, nach eventueller Umnummerierung, eine Darstellung

$$n = p_1^{a_1} p_2^{a_2} \ldots p_k^{a_k} ,$$

wobei $p_1 < p_2 < \ldots < p_k$ und $a_i > 0$ für $i = 1,\ldots,k$. Diese Darstellung heisst die <u>kanonische Zerlegung</u> von n.

Wir beweisen jetzt den fundamentalen Satz der elementaren Zahlentheorie:

<u>Satz 2</u>: Die kanonische Zerlegung einer ganzen Zahl $n > 1$ ist eindeutig.

Wir werden drei Beweise dieses Satzes bringen. Der erste wird durch vollständige Induktion erbracht, und benützt nur Satz 1. Der zweite hängt mit der ganzzahligen Lösbarkeit gewisser linearer Gleichungen zusammen und der dritte ist eine Anwendung der Theorie der Fareybrüche.

<u>Erster Beweis</u> (Zermelo, Hasse, Lindemann): Nehmen wir an, es würde für gewisse positive ganze Zahlen zwei verschiedene kanonische Zerlegungen geben; sei N die kleinste solche Zahl, mit den Zerlegungen

$$N = p_1 p_2 \dots p_k = q_1 q_2 \dots q_m \, .$$

Jedes p ist von jedem q verschieden, denn ein gemeinsamer Teiler beider Darstellungen würde N teilen und eine ganze Zahl N', $1 < N' < N$, mit derselben Eigenschaft liefern, im Widerspruch zur Definition von N.

Wir dürfen annehmen, dass

$$p_1 \leqslant p_2 \leqslant \dots \leqslant p_k \quad \text{und} \quad q_1 \leqslant q_2 \leqslant \dots \leqslant q_m \, .$$

Nun ist $p_1 \neq q_1$, ferner dürfen wir $p_1 < q_1$ annehmen. Jetzt bilden wir eine neue Zahl

$$P = p_1 q_2 \dots q_m \, .$$

Dann gilt $p_1 | P$ und $p_1 | N$, also $p_1 | N-P$, folglich

$$N-P = p_1 t_1 \dots t_h \, ,$$

wobei die t_i Primzahlen sind $(i = 1, \dots , h)$.

Aber $N-P = (q_1-p_1) q_2 \dots q_m$ ist positiv. Wir stellen nun q_1-p_1 als Produkt von Primzahlen dar:

$$q_1-p_1 = r_1 r_2 \dots r_s \, .$$

Dann ist

$$N-P = r_1 r_2 \dots r_s q_2 \dots q_m$$

eine zweite Darstellung von $N-P$ als Primzahlprodukt. Wir haben gesehen, dass kein p einem q gleich ist. Ferner ist es klar, dass $p_1 \nmid (q_1-p_1)$, also ist p_1 keinem der r_i $(i = 1, \dots, s)$ gleich. Folglich haben wir für $N-P$ zwei verschiedene Zerlegungen, denn genau eine enthält die Primzahl p_1.

Aber $0 < N-P < N$, was der Minimaleigenschaft von N widerspricht.

Zweiter Beweis: Dieser Beweis stützt sich auf die Lösbarkeit gewisser linearer Gleichungen in ganzen Zahlen.

Zunächst führen wir einige neue Begriffe ein. Seien a und b zwei ganze Zahlen; ihr grösster gemeinsamer Teiler, mit (a,b) bezeichnet, ist die grösste positive Zahl, welche sowohl a als auch b teilt. Ist $(a,b) = 1$, so heissen a und b teilerfremd, oder relativ prim. Wir werden zeigen, dass falls $(a,b) = d$, die Gleichung $ax + by = d$ eine Lösung in ganzen Zahlen x, y besitzt. Daraus folgt, dass falls p eine Primzahl ist und $p|ab$, so gilt entweder $p|a$ oder $p|b$, und aus dieser Feststellung ergibt sich die Eindeutigkeit der kanonischen Zerlegung.

Ein Modul von ganzen Zahlen ist eine Menge S mit der Eigenschaft

$$m \in S \text{ und } n \in S \Rightarrow m \pm n \in S .$$

Aus dieser Definition folgt, dass ein solcher Modul immer die Null enthält, und dass S mit der Zahl a auch alle ganzzahligen Vielfachen von a enthält. Allgemeiner, wenn $a \in S$ und $b \in S$, so sind auch alle Linearkombinationen $ax + by$ mit ganzen Koeffizienten x und y in S.

Besteht S nur aus der Null, so nennen wir S den trivialen Modul. Ein nichttrivialer Modul enthält offensichtlich unendlich viele positive und negative Zahlen. Wir können aber mehr beweisen:

Satz 3: Jeder nichttriviale Modul S besteht aus allen Vielfachen einer positiven ganzen Zahl.

Beweis: S ist nicht der triviale Modul, enthält also gewisse positive Zahlen; sei d die kleinste solche Zahl. Dann enthält S alle Vielfachen von d. Es muss gezeigt werden, dass S keine anderen Zahlen enthält. Sei $n > 0$ und $n \in S$. Dann können wir schreiben

$$n = dz + c \quad \text{mit} \quad 0 \leq c < d .$$

Nun $d \in S \Rightarrow dz \in S$. Ferner, $n \in S \Rightarrow n-dz \in S$, das heisst $c \in S$. Aber $c < d$ und d ist die kleinste positive Zahl in S; folglich ist $c = 0$, also n (und damit auch $-n$) ein Vielfaches von d.

Aus Satz 3 folgt

Satz 4: Sind a und b gegebene ganze Zahlen, so besteht der Modul $S = \{ax + by \mid x,y \text{ ganz}\}$ aus allen Vielfachen von $d = (a,b)$.

Beweis: Nach Satz 3 besteht S aus allen Vielfachen einer positiven ganzen Zahl c. Also teilt c alle Elemente von S, insbesondere $c \mid a$ und $c \mid b$; d.h. c ist ein gemeinsamer Teiler von a und b. Da d der grösste gemeinsame Teiler von a und b ist, muss $c \leqslant d$ sein. Andererseits gilt $d \mid ax + by$ für alle ganzen Zahlen x,y ; d teilt also jedes Element von S, insbesondere $d \mid c$. Folglich ist $d \leqslant c$. Daher muss $c = d$ sein, wie behauptet.

Jetzt ist es klar, dass auch folgender Satz gilt:

Satz 5: Die Gleichung $ax + by = n$ ist dann und nur dann in ganzen Zahlen x, y lösbar, wenn $(a,b) \mid n$.

Korollar 1: Ist $(a,b) = d$, so ist $ax + by = d$ in ganzen Zahlen x, y lösbar. In anderen Worten, der grösste gemeinsame Teiler von a und b ist eine ganzzahlige Linearkombination dieser beiden Zahlen.

Korollar 2: Jeder gemeinsame Teiler von a und b teilt (a,b).

Damit beweisen wir

Satz 6 (Euklid): Aus $a \mid bc$ und $(a,b) = 1$ folgt $a \mid c$.

Beweis: Da $(a,b) = 1$ gibt es ganze Zahlen x, y derart, dass $ax + by = 1$. Multipliziert man mit c, so ergibt sich $acx + bcy = c$, und da $a \mid bc$ folgt $a \mid acx + bcy$, oder $a \mid c$.

Korollar: Falls $p \mid \prod_{i=1}^{r} p_i$, so ist $p = p_i$ für mindestens ein i.

Wir können jetzt einen zweiten Beweis für Satz 2 bringen. Man nehme an, eine Zahl N habe zwei verschiedene kanonische Zerlegungen:

$$N = p_1^{a_1} p_2^{a_2} \dots p_k^{a_k} = q_1^{b_1} q_2^{b_2} \dots q_r^{b_r} .$$

Dann gilt $p_1 \Big| \prod_{i=1}^{r} q_i^{b_i}$, also ist $p = q_i$ für ein gewisses i , $1 \leq i \leq r$. Dieselbe Ueberlegung zeigt, dass jedes p einem q , und jedes q einem p gleich ist. Folglich ist $k = r$, und wir haben

$$N = p_1^{a_1} p_2^{a_2} \cdots p_k^{a_k} = p_1^{b_1} p_2^{b_2} \cdots p_k^{b_k} ,$$

mit $p_1 < p_2 < \cdots < p_k$. Es bleibt zu zeigen, dass $a_i = b_i$ für jedes $i = 1,2,\ldots,k$.

Wäre $a_i > b_i$ für ein gewisses i, so könnte man beide Seiten durch $p_i^{b_i}$ teilen:

$$p_1^{a_1} \cdots p_i^{a_i - b_i} \cdots p_k = p_1^{b_1} \cdots p_{i-1}^{b_{i-1}} p_{i+1}^{b_{i+1}} \cdots p_k^{b_k} ;$$

p_i würde die linke Seite teilen aber nicht die rechte, was nach dem Korollar zu Satz 6 unmöglich ist.

Die gleiche Ueberlegung zeigt, dass auch $a_i < b_i$ unmöglich ist. Folglich ist $a_i = b_i$ für alle $i = 1,2,\ldots,k$, und die kanonische Zerlegung von N ist eindeutig.

Eine mit dem grössten gemeinsamen Teiler zweier Zahlen a, b zusammenhängende Zahl ist deren kleinstes gemeinsames Vielfaches.

Definition: Das kleinste gemeinsame Vielfache $\{a,b\}$ zweier ganzer Zahlen a,b ist die kleinste positive Zahl, welche sowohl durch a als auch durch b teilbar ist.

Der Zusammenhang zwischen (a,b) und $\{a,b\}$ wird durch die Identität

$$ab = (a,b)\{a,b\}$$

ausgedrückt.

Zum Beweise betrachte man die ganze Zahl $\mu = \frac{ab}{(a,b)}$. Da $(a,b) \mid b$ ist μ ein Vielfaches von a; analog ist μ ein Vielfaches von b, also ein gemeinsames Vielfaches von a und b. Sei jetzt ν irgend ein anderes gemeinsames Vielfaches von a und b; betrachte den Bruch

$$\frac{\nu}{\mu} = \frac{\nu(a,b)}{ab} .$$

Wir wissen, dass $(a,b) = ax + by$ für gewisse ganze Zahlen x und y. Daraus ergibt sich

$$\frac{\nu}{\mu} = \frac{\nu(ax+by)}{ab} = \frac{\nu x}{b} + \frac{\nu y}{a} .$$

Aber ν/a und ν/b sind ganze Zahlen; folglich ist auch ν/μ eine ganze Zahl. Somit haben wir gezeigt: jedes gemeinsame Vielfache von a und b ist ein Vielfaches von μ. Also muss μ das kleinste gemeinsame Vielfache dieser beiden Zahlen sein:

$$\mu = \frac{ab}{(a,b)} = \{a,b\} .$$

Gleichzeitig haben wir bewiesen, dass jedes gemeinsame Vielfache von a und b durch das kleinste gemeinsame Vielfache teilbar ist.

Ist a eine positive ganze Zahl, so kann man sie in der Form eines unendlichen, über alle Primzahlen erstreckten Produktes schreiben:

$$a = \prod p^{\alpha} , \quad \alpha \geqslant 0 ,$$

wobei der Exponent α einer a nicht teilenden Primzahl p gleich Null gesetzt wird. Analog sei

$$b = \prod p^{\beta} , \quad \beta \geqslant 0 .$$

Dann sieht man leicht, dass

$$(a,b) = \prod p^{\min(\alpha,\beta)} \quad \text{und} \quad \{a,b\} = \prod p^{\max(\alpha,\beta)} .$$

Dritter Beweis: Der dritte Beweis von Satz 2 benützt die Theorie der Fareybrüche.

Ein Bruch $\frac{h}{k}$ heisst irreduzibel (oder reduziert) falls $(h,k) = 1$, und eigentlich falls $0 \leqslant \frac{h}{k} \leqslant 1$.

Eine Fareyfolge (oder Fareyreihe) F_n der Ordnung n ist die Menge aller irreduziblen eigentlichen Brüche $\frac{h}{k}$ mit Nenner $k \leqslant n$, in nicht abnehmender Reihenfolge geordnet.

Zum Beispiel sind die fünf ersten Fareyfolgen

F_1: $\frac{0}{1}, \frac{1}{1}$

F_2: $\frac{0}{1}, \frac{1}{2}, \frac{1}{1}$

F_3: $\frac{0}{1}, \frac{1}{3}, \frac{1}{2}, \frac{2}{3}, \frac{1}{1}$

F_4: $\frac{0}{1}, \frac{1}{4}, \frac{1}{3}, \frac{1}{2}, \frac{2}{3}, \frac{3}{4}, \frac{1}{1}$

F_5: $\frac{0}{1}, \frac{1}{5}, \frac{1}{4}, \frac{1}{3}, \frac{2}{5}, \frac{1}{2}, \frac{3}{5}, \frac{2}{3}, \frac{3}{4}, \frac{4}{5}, \frac{1}{1}$.

Wir werden zeigen, dass alle Glieder der Folge F_n verschieden sind: dies folgt unmittelbar aus

Satz 7 (Farey-Cauchy): Ist $\frac{l}{m}$ der unmittelbare Nachfolger von $\frac{h}{k}$ in F_N, so ist $kl-hm = 1$.

Beweis: durch vollständige Induktion. Aus der obigen Tabelle ersieht man, dass der Satz für $N \leqslant 5$ richtig ist. Wir nehmen jetzt an, er sei für F_N richtig, und zeigen, dass er dann auch für F_{N+1} richtig ist.

Sei $\frac{a}{b}$ ein reduzierter eigentlicher Bruch, der nicht zu F_N gehört; dann ist $b \geqslant N+1$. Aber $\frac{a}{b}$ liegt bestimmt zwischen zwei Nachbarn $\frac{h}{k}$ und $\frac{l}{m}$ in F_N:

$$\frac{h}{k} \leqslant \frac{a}{b} \leqslant \frac{l}{m} \quad . \tag{2}$$

Wir definieren jetzt $\lambda = ka - hb$ und $\mu = bl - am$; beide sind nichtnegative ganze Zahlen, wegen (2). Nun haben wir

$$\lambda l + \mu h = kal - ham = a(kl - hm) = a ,$$

denn $kl - hm = 1$ nach Induktionsvoraussetzung . Also ist

$$\left.\begin{aligned} a &= \lambda l + \mu h , \\ b &= \lambda m + \mu k , \end{aligned}\right\} \tag{3}$$

und analog

und somit

$$\frac{a}{b} = \frac{\lambda l + \mu h}{\lambda m + \mu k} \quad \text{mit} \quad \lambda \geqslant 0 \ , \quad \mu \geqslant 0.$$

Umgekehrt, sind $\lambda,\ \mu \geqslant 0$ ganz und $\lambda+\mu > 0$, so ist

$$\frac{h}{k} \leqslant \frac{\lambda l + \mu h}{\lambda m + \mu k} \leqslant \frac{l}{m} \ ,$$

wegen $kl - hm = 1$.

Aber sowohl $\lambda = 0$ als auch $\mu = 0$ sind unmöglich, denn wäre z.B. $\lambda = 0$, so hätte man $\frac{a}{b} = \frac{\mu h}{\mu k}$. Dieser Bruch ist aber nur für $\mu = 1$ reduziert. Aber für $\mu = 1$ liefert (3) $b = k$, und dies widerspricht der Annahme $\frac{a}{b} \notin F_N$, oder $b > N \geqslant k$.

Folglich ist

$$\frac{a}{b} = \frac{\lambda l + \mu h}{\lambda m + \mu k} \quad \text{mit} \quad \lambda \geqslant 1 \ , \quad \mu \geqslant 1 \ .$$

Wir haben $b \geqslant N+1$; ferner ist $b = N+1$, wenn $\frac{a}{b} \in F_{N+1}$. In diesem Fall folgt aus (3), dass λ und μ so klein wie möglich sein müssen, da b seinen minimalen Wert annimmt. Also:

$$\frac{a}{b} \in F_{N+1} \Rightarrow \lambda = \mu = 1 \quad \text{und} \quad \frac{a}{b} = \frac{h+l}{k+m} \ .$$

Nun ist es klar, dass dieser Bruch den Satz bezüglich seiner Nachbarn $\frac{h}{k}$ und $\frac{l}{m}$ erfüllt.

Wir haben damit gezeigt, dass der Satz für F_{N+1} richtig ist, wenn er für F_N gilt. Wir wissen, dass er für $F_1, F_2, \dots, F_5$ richtig ist, also ist er für alle F_n richtig.

<u>Definition</u>: Die Zahl $\frac{h+l}{k+m}$ heisst die <u>Mediante</u> der Nachbarbrüche $\frac{h}{k}$ und $\frac{l}{m}$. Aus dem obigen Beweis folgt sofort

<u>Satz 8</u>: Die Brüche von F_{N+1} , die nicht zu F_N gehören, sind Medianten von F_N .

Eine weitere Folgerung von Satz 7 ist

<u>Satz 9</u>: Sind $\frac{h}{k}$, $\frac{h''}{k''}$ und $\frac{h'}{k'}$ aufeinanderfolgende Brüche

derselben Fareyfolge, so ist

$$\frac{h''}{k''} = \frac{h+h'}{k+k'} \quad .$$

<u>Beweis</u>: Es ist

$$kh'' - hk'' = 1 \ ,$$

und
$$h'k'' - h''k' = 1 \ ;$$

wir erhalten die behauptete Beziehung, indem wir dieses System für h'' und k'' auflösen.

<u>Satz 10</u>: Es seien $\frac{h}{k}$ und $\frac{l}{m}$ Nachbarn in der Fareyfolge F_N. Dann ist $k+m \geq N+1$.

<u>Beweis</u>: Da $\frac{h}{k} < \frac{h+l}{k+m} < \frac{l}{m}$ gehört die Mediante von $\frac{h}{k}$ und $\frac{l}{m}$ nicht zu F_N , also muss $k+m > N$ sein.

Schliesslich beweisen wir

<u>Satz 11</u>: Ist $N > 1$, so haben zwei Nachbarn in F_N nie denselben Nenner.

<u>Beweis</u>. Sei $k > 1$. Wäre $\frac{h'}{k}$ der unmittelbare Nachfolger von $\frac{h}{k}$ in F_N, so wäre $h+1 \leq h' < k$. Dann hätte man $\frac{h}{k} < \frac{h}{k-1} < \frac{h+1}{k} \leq \frac{h'}{k}$; $\frac{h}{k-1}$ würde in F_N zwischen $\frac{h}{k}$ und $\frac{h'}{k}$ liegen, im Widerspruch zur Definition von $\frac{h}{k}$ und $\frac{h'}{k}$.

Wir können jetzt unsere Kenntnisse über Fareybrüche anwenden, um zu zeigen, dass die Gleichung $ax + by = 1$, $(a,b) = 1$, in ganzen Zahlen x, y lösbar ist; daraus folgt, wie wir bereits wissen, Satz 2.

Sei $(a,b) = 1$ und $0 < a < b$. Wir betrachten den Bruch $\frac{a}{b}$; er erscheint in einer Fareyfolge (z.B. in F_b). Sei $\frac{h}{k}$ der unmittelbare Vorgänger von $\frac{a}{b}$ in dieser Folge. Dann gilt nach Satz 7

$$ak - bh = 1 \quad ,$$

und somit ist $x = k$, $y = -h$ eine Lösung unserer Gleichung.

Die Farey-Zerlegung des Kreises

Es sei ein Kreis mit Umfang 1 gegeben; auf ihn wähle man einen beliebigen Punkt O, und ordne ihm die Zahl Null zu. Dann wird jeder reellen Zahl x derjenige Punkt P_x zugeordnet, dessen Abstand von O, längs des Kreisrandes im positiven Sinne gemessen, x beträgt. Es leuchtet ein, dass jeder ganzen Zahl der Punkt O zugeordnet wird; ferner wird Zahlen, deren Differenz eine ganze Zahl ist, derselbe Punkt zugeordnet. Wir betrachten jetzt die Fareyreihe F_N, und stellen ihre Glieder durch Punkte unseres Kreises dar. Diese Punkte, welche wir Fareypunkte nennen wollen, sind alle verschieden, denn wir haben gezeigt, dass alle Glieder von F_N verschieden sind. Dann bilde man alle Medianten $\nu = \frac{k+l}{h+m}$ von F_N; diese Brüche gehören nicht zu F_N. Die erste und letzte Mediante sind $\frac{1}{n+1}$ und $\frac{n}{n+1}$. Werden alle diese Medianten durch Punkte P_ν des Kreises dargestellt, so erhalten wir eine Einteilung des Kreises in Bögen, die wir Fareybögen nennen wollen. Jeder Bogen wird durch zwei Punkte P_ν begrenzt, und jeder enthält einen einzigen Fareypunkt von F_N. Zum Beispiel enthält der Fareybogen $\left(\frac{n}{n+1}, \frac{1}{n+1}\right)$ den einzigen Fareypunkt O.

Wir können also unseren Kreis als die Vereinigung aller Fareybögen betrachten; das nennt man die Farey-Zerlegung des Kreises.

Anzahl der Primzahlen

Wir haben jetzt drei verschiedene Beweise von Satz 2 gebracht aber wir haben noch nocht gezeigt, dass es unendlich viele Primzahlen gibt.

Satz 12 (Euklid): Die Anzahl der Primzahlen ist unendlich.

Erster Beweis (Euklid): Sei $q = 2 \cdot 3 \cdot 5 \cdot \ldots \cdot p$ das Produkt aller Primzahlen $\leq p$. Die Zahl

$$q + 1 = (2\cdot 3\cdot 5\ldots p) + 1$$

ist durch keine dieser Primzahlen teilbar. Aber $q+1 > 1$, also ist entweder $q+1$ selber eine Primzahl grösser als p, oder $q+1$ ist durch Primzahlen grösser als p teilbar. Jedenfalls gibt es eine Primzahl, die grösser als p ist. Folglich muss die Anzahl der Primzahlen unendlich sein.

Bezeichnet p_n die n-te Primzahl, so folgt aus dem Beweis von Euklid, dass

$$p_m \Big| \prod_{i=1}^{n} p_i + 1$$

für ein $m > n$; folglich ist $p_{n+1} \leqslant p_m < p_n^n + 1$.

Aus diesem Beweis kann man auch die bessere Abschätzung $p_n < 2^{2^n}$ gewinnen. Wir nehmen als Induktionsvoraussetzung die Gültigkeit der Ungleichungen

$$p_1 \leqslant 2\ ,\ p_2 \leqslant 2^2,\ \ldots\ ,\ p_n \leqslant 2^{2^n}$$

an. Dann ist

$$p_{n+1} \leqslant p_1 p_2 \ldots p_n + 1 < 2^{2+4+\cdots+2^n} + 1 < 2^{2^{n+1}}\ , \qquad (4)$$

womit die obige Ungleichung durch vollständige Induktion bewiesen ist.

<u>Zweiter Beweis</u>: Dieser Beweis benützt eine Eigenschaft der <u>Fermat'schen Zahlen</u>, das sind Zahlen der Form

$$f_n = 2^{2^n} + 1\ .$$

Satz 12 ist eine Folgerung von

<u>Satz 13</u> (Pólya): Zwei verschiedene Fermat'sche Zahlen sind teilerfremd.

<u>Beweis</u>: Seien f_n und f_{n+k} $(k>0)$ zwei beliebige Fermat'sche Zahlen. Man nehme an, dass $m|f_n$ und $m|f_{n+k}$. Mit $x = 2^{2^n}$ haben wir

$$\frac{f_{n+k}-2}{f_n} = \frac{x^{2^k}-1}{x+1} = x^{2^k-1} - x^{2^k-2} + \ldots -1 ,$$

sodass $f_n|f_{n+k}-2$. Daraus folgt: $m|f_{n+k}-2$, also $m|2$. Aber $m|f_n$ und die Fermat'schen Zahlen sind ungerade; daher muss $m = 1$ sein, und es ist $(f_n,f_{n+k}) = 1$, wie behauptet.

Aus Satz 13 folgt, dass es mindestens n ungerade Primzahlen gibt, die nicht grösser als f_n sind. Damit ist bewiesen, dass es unendlich viele Primzahlen gibt.

Ferner, da $p_1 = 2$ und es mindestens n <u>ungerade</u> Primzahlen $\leqslant f_n$ gibt, gilt $p_{n+1} \leqslant f_n$, oder

$$p_{n+1} \leqslant 2^{2^n} + 1 , \tag{5}$$

eine etwas schärfere Abschätzung als (4).

Fermat hat bemerkt, dass

$$f_1 = 5, \quad f_2 = 17, \quad f_3 = 257, \quad f_4 = 65537$$

alle Primzahlen sind, und hat vermutet, dass alle f_n Primzahlen sind. Euler widerlegte diese Vermutung, als er zeigte, dass f_5 durch 641 teilbar ist.

Einen einfachen Beweis dafür, dass $641|f_5$, hat G.T.Bennett gegeben:

$$f_5 = 2^{2^5} + 1 = 2^{32} + 1 = (2\cdot 2^7)^4 + 1 .$$

Sei $2^7 = a$ und $5 = b$. Dann ist $f_5 = (2a)^4 + 1 = 2^4a^4 + 1$. Aber $2^4 = 1 + 3b$, oder $2^4 = 1 + b(a-b^3)$, woraus

$$\begin{aligned} f_5 &= (1 + ab - b^4)a^4 + 1 \\ &= (1 + ab)[a^4 + (1 - ab)(1 + a^2b^2)] , \end{aligned}$$

also ist $1 + ab = 641$ ein Teiler von f_5 .

Es ist bis heute keine Primzahl f_n für $n > 4$ entdeckt worden.

KAPITEL II. - KONGRUENZEN

Es seien a, b und m ganze Zahlen; ferner wird $m > 0$ angenommen. Falls $m|(a-b)$, so sagen wir, a sei zu b kongruent modulo m und schreiben dafür $a \equiv b \pmod m$. Wenn dagegen $m \nmid (a,b)$ so sagen wir, a sei zu b inkongruent modulo m, und schreiben $a \not\equiv b \pmod m$.

Diese Kongruenzrelation ist eine Aequivalenzrelation, denn sie ist

- reflexiv: $a \equiv a \pmod m$
- symmetrisch: aus $a \equiv b \pmod m$ folgt $b \equiv a \pmod m$
- transitiv: aus $a \equiv b \pmod m$ und $b \equiv c \pmod m$ folgt $a \equiv c \pmod m$.

Folglich teilt die Relation "$\equiv \pmod m$" die ganzen Zahlen in disjunkte Aequivalenzklassen A, B, C, ... ein; zwei ganze Zahlen sind dann und nur dann kongruent modulo m, wenn sie in derselben Klasse liegen. Diese Klassen heissen Restklassen modulo m.

Wieviele Restklassen modulo m gibt es? Es ist klar, dass die Zahlen $0, 1, \ldots, m-1$ alle in verschiedenen Restklassen liegen. Da jede ganze Zahl n sich in der Form $n = qm + r$ mit $0 \leqslant r \leqslant m-1$ darstellen lässt, ist jede ganze Zahl einer der Zahlen $0, 1, \ldots, m-1$ modulo m kongruent. Es gibt also genau m Restklassen modulo m, und die Zahlen $0, 1, \ldots, m-1$ bilden ein Repräsentantensystem dieser Klassen.

Wie mit Gleichungen darf man Kongruenzen addieren, subtrahieren und multiplizieren:

aus $a \equiv b \pmod m$ und $c \equiv d \pmod m$ folgt

$$a + c \equiv b + d \pmod m ,$$
$$a - c \equiv b - d \pmod m ,$$
und
$$ac \equiv bd \pmod m .$$

Tatsächlich, aus $m|(a-b)$ und $m|(c-d)$ folgt $m|(a-b) \pm (c-d)$. Ferner gilt $m|(a-b)c$, also $ac \equiv bc \pmod m$ und $m|(c-d)b$, das heisst $bc \equiv bd \pmod{m}$, und da die Kongruenzrelation transitiv ist folgt aus diesen beiden Kongruenzen, dass $ac \equiv bd \pmod{m}$.

Im allgemeinen darf man aber Kongruenzen nicht dividieren, wie das Beispiel $2 \equiv 12 \pmod{10}$, $1 \not\equiv 6 \pmod{10}$ zeigt.

Es seien A und B zwei beliebige Restklassen; dann zeigen die obigen Regeln, dass für beliebige Elemente $a \in A$ und $b \in B$ die Summe $a + b$ immer in derselben Restklasse liegt, die wir mit $A + B$ bezeichnen. Auf ähnliche Weise führen wir die Bezeichnungen $A - B$ und $A \cdot B$ ein, und sprechen von der Differenz oder dem Produkt zweier Restklassen.

Es ist leicht zu sehen, dass die Restklassen modulo m eine additive abelsche Gruppe bilden. Das Nullelement dieser Gruppe ist diejenige Klasse, welche die Vielfachen von m enthält, während das Inverse der Klasse A diejenige Klasse A' ist, welche die Negativen der Elemente von A enthält.

Die lineare Kongruenz

$$ax \equiv c \pmod{m}$$

ist der linearen Gleichung

$$ax - my = c \;, \quad (x,\, y \text{ ganz})$$

äquivalent, und nach Satz I. 5 ist diese Kongruenz lösbar, falls $(a,m) = 1$. Ferner ist diese Lösung bis auf Kongruenz eindeutig, denn aus

$$ax_1 \equiv c \pmod{m} \quad \text{und} \quad ax_2 \equiv c \pmod{m}$$

folgt $a(x_1-x_2) \equiv 0 \pmod{m}$, oder $m \mid a(x_1-x_2)$. Aber $(a,m) = 1$, also muss $m \mid (x_1-x_2)$ gelten, das heisst $x_1 \equiv x_2 \pmod{m}$.

Die lineare Gleichung

$$ax + by = n \quad \text{mit} \quad (a,b) = 1$$

besitzt folglich bis auf Kongruenz eine einzige Lösung in ganzen Zahlen; ist x_o, y_o eine spezielle Lösung, so wird die allgemeine Lösung durch

$$\begin{cases} x = x_o - bt \\ y = y_o + at \end{cases}$$

gegeben, wobei t eine ganze Zahl ist.

Dieses Ergebnis kann man auch so aussprechen: sind A, C und X Restklassen (mod m), so besitzt die Gleichung $AX = C$ eine einzige Lösung X falls die Elemente von A zu m teilerfremd sind.

Diejenigen Restklassen modulo m, deren Elemente zu m teilerfremd sind, heissen prime Restklassen. Sie bilden eine abelsche Gruppe bezüglich der Multiplikation; die Einheit dieser Gruppe ist diejenige Restklasse, welche die Zahl 1 enthält. Jede prime Restklasse besitzt ein Inverses, denn aus $(a,m) = 1$ folgt, wie wir eben gesehen haben, die Existenz einer ganzen Zahl a' derart, dass

$$aa' \equiv 1 \pmod{m} .$$

Jetzt betrachten wir die additive abelsche Gruppe aller Restklassen modulo einer Primzahl p. Mit Ausnahme der Nullklasse, sind sie alle prime Restklassen, und bilden somit auch eine multiplikative abelsche Gruppe. Das Distributivgesetz $A(B + C) = AB + AC$ ist eine unmittelbare Folgerung des Distributivgesetzes für die ganzen Zahlen. Also haben wir

Satz 1: Die Restklassen der ganzen Zahlen modulo einer Primzahl p bilden einen Körper der Ordnung p.

Restsysteme

Wie wir oben erwähnt haben, unterscheidet man die m Restklassen (mod m) und die primen Restklassen (mod m).

Ein vollständiges Restsystem modulo m besteht aus einem Repräsentant jeder Restklasse; also bilden m ganze Zahlen genau dann ein vollständiges Restsystem modulo m, wenn sie paarweise inkongruent (mod m) sind. Hingegen besteht ein primes Restsystem modulo m aus einem Repräsentant jeder primen Restklasse modulo m.

Zum Beispiel bilden die Zahlen 0,1,2,...,7 ein vollständiges Restsystem (mod 8), während 1,3,5 und 7 ein primes Restsystem (mod 8) bilden.

Die Eulersche Funktion

Die Eulersche Funktion $\varphi(m)$ ist für alle positiven ganzen Zahlen m definiert, und ist gleich der Anzahl der zu m teilerfremden Zahlen der Folge 1,2,...,m .

Aus dieser Definition folgt, dass $\varphi(m)$ auch gleich der Anzahl der primen Restklassen modulo m ist.

Die Sätze von Fermat und Euler

Bilden die Zahlen $a_1,a_2,\ldots,a_m$ $(m > 1)$ ein vollständiges Restsystem (mod m), und ist k eine zu m teilerfremde ganze Zahl, so bilden auch die Zahlen $ka_1,ka_2,\ldots,ka_m$ ein vollständiges Restsystem (mod m), da man leicht bestätigt, dass diese m ganzen Zahlen paarweise inkongruent (mod m) sind.

Allgemeiner, wenn $(k,m) = 1$ und h eine beliebige ganze Zahl ist, so bilden die Zahlen $ka_i + h$ $(i = 1,\ldots,m)$ auch ein vollständiges Restsystem (mod m).

Dasselbe gilt auch für prime Restsysteme: bilden die Zahlen $r_1,r_2,\ldots,r_{\varphi(m)}$ ein primes Restsystem (mod m), und ist $(a,m) = 1$, so bilden auch die Zahlen $ar_1,ar_2,\ldots,ar_{\varphi(m)}$ ein primes Restsystem (im allgemeinen jedoch in einer anderen Reihenfolge).

Folglich ist

$$r_1r_2 \ldots r_{\varphi(m)} \equiv ar_1 \cdot ar_2 \cdot \ldots \cdot ar_{\varphi(m)} \pmod m ,$$

oder

$$(a^{\varphi(m)}-1)r_1r_2 \ldots r_{\varphi(m)} \equiv 0 \pmod m .$$

Da $r_1,r_2,\ldots,r_{\varphi(m)}$ zu m teilerfremd sind, folgt daraus

Satz 2 (Euler): Für $m > 1$ und $(a,m) = 1$ gilt

$$a^{\varphi(m)} \equiv 1 \pmod m .$$

Der Spezialfall m = Primzahl wurde von Fermat entdeckt:

<u>Satz 3</u> (Fermat): Ist p eine Primzahl und $(a,p) = 1$, so gilt $a^{p-1} \equiv 1 \pmod p$.

Um eine wichtige Eigenschaft der Eulerschen Funktion zu beweisen, brauchen wir den

<u>Satz 4</u>: Sei $(m,m') = 1$. Durchläuft a ein vollständiges Restsystem (mod m), und a' ein vollständiges Restsystem (mod m'), so durchläuft $am' + a'm$ ein vollständiges Restsystem (mod mm').

<u>Beweis</u>: Es gibt mm' Zahlen $am' + a'm$, und je zwei sind inkongruent (mod mm'), denn aus

$$a_1' m + a_1 m' \equiv a_2' m + a_2 m' \pmod{mm'}$$

folgt

$$a_1 m' \equiv a_2 m' \pmod{m},$$

und daraus wegen $(m,m') = 1$

$$a_1 \equiv a_2 \pmod{m};$$

analog ist

$$a_1' \equiv a_2' \pmod{m'}.$$

<u>Definition</u>: Eine <u>zahlentheoretische Funktion</u> ist im allgemeinen eine komplexwertige Funktion, die für jede positive ganze Zahl definiert ist. Eine zahlentheoretische Funktion f heisst <u>multiplikativ</u>, wenn

(1) f nicht identisch Null ist, und
(2) $(m,n) = 1 \Rightarrow f(mn) = f(m)f(n)$.

Mit Satz 4 beweisen wir den

<u>Satz 5</u>: $\varphi(n)$ ist multiplikativ.

<u>Beweis</u>:
(1) $\varphi(1) = 1$, also ist φ nicht identisch Null.
(2) Sei $(m,m') = 1$. Es durchlaufe a ein vollständiges Restsystem (mod m), a' ein vollständiges Restsystem (mod m'). Nach Satz 4 durchläuft dann $am' + a'm$ ein vollständiges Restsystem (mod mm').

Folglich ist $\varphi(mm')$ gleich der Anzahl der ganzen Zahlen $am' + a'm$, welche der Bedingung $(am' + a'm, mm') = 1$ genügen.

Dies ist aber den beiden Bedingungen

$$(am' + a'm, m) = 1 \quad \text{und} \quad (am' + a'm, m') = 1 ,$$

oder

$$(am', m) = 1 \quad \text{und} \quad (a'm, m') = 1 ,$$

oder

$$(a, m) = 1 \quad \text{und} \quad (a', m') = 1$$

äquivalent.

Da es $\varphi(m)$ Werte von a gibt, für welche $(a,m) = 1$ ist, und $\varphi(m')$ Werte von a' für welche $(a',m') = 1$ ist, gibt es $\varphi(m)\cdot\varphi(m')$ Werte von $am' + a'm$, die zu mm' teilerfremd sind, also ist

$$\varphi(mm') = \varphi(m)\varphi(m') .$$

Dem obigen Beweis entnehmen wir auch

Satz 5': Es durchlaufe a bzw. a' ein primes Restsystem (mod m) bzw. (mod m'). Dann durchläuft $am' + a'm$ ein primes Restsystem (mod mm').

Man kann Satz 5 anwenden, um $\varphi(n)$ für $n > 1$ auszurechnen: jedes $n > 1$ besitzt eine kanonische Darstellung

$$n = \prod_{i=1}^{r} p_i^{a_i} ,$$

also ist

$$\varphi(n) = \prod_{i=1}^{r} \varphi\left(p_i^{a_i}\right) ;$$

$\varphi(n)$ ist bekannt, sobald wir $\varphi(p^a)$ kennen. Wir haben schon bemerkt, dass $\varphi(p) = p-1$ ist. Für $a > 1$, betrachte man das vollständige Restsystem (mod p^a): $1,2,\ldots,p^a$; genau p^{a-1} dieser Zahlen sind zu p nicht teilerfremd, nämlich die Vielfachen $p,2p,\ldots,p^a$ von p. Folglich ist

$$\varphi(p^a) = p^a - p^{a-1} = p^a\left(1 - \frac{1}{p}\right) .$$

Ist also

$$n = \prod_{i=1}^{r} p_i^{a_i} ,$$

so ist

$$\varphi(n) = \prod_{i=1}^{r} p_i^{a_i} \prod_{i=1}^{r} (1 - \frac{1}{p_i}) ,$$

oder

$$\varphi(n) = n \prod_{p|n} (1 - \frac{1}{p}) .$$

Eine weitere wichtige Eigenschaft von φ ist

<u>Satz 6</u>: $\sum_{d|m} \varphi(d) = \varphi(m)$.

<u>Beweis</u>: Sei $m = \prod_{i=1}^{r} p_i^{a_i}$; dann haben alle Teiler von m die Gestalt $\prod_{i=1}^{r} p_i^{b_i}$, wobei $0 \leqslant b_i \leqslant a_i$. Somit ist

$$\sum_{d|m} \varphi(d) = \sum_{0 \leqslant b_i \leqslant a_i} \varphi\left(\prod_{i=1}^{r} p_i^{b_i}\right)$$

$$= \sum_{0 \leqslant b_i \leqslant a_i} \prod_{i=1}^{r} \varphi\left(p_i^{b_i}\right) ,$$

wegen Satz 5. Wir dürfen Σ und Π vertauschen, da beide endlich sind:

$$\sum_{d|m} \varphi(d) = \prod_{i=1}^{r} \sum_{b_i=0}^{a_i} \varphi\left(p_i^{b_i}\right) = \prod_{i=1}^{r} \varphi\left(1 + p_i + p_i^2 + \ldots + p_i^{a_i}\right)$$

$$= \prod_{i=1}^{r} \left\{1 + (p_i-1) + p_i(p_i-1) + \ldots + p_i^{a_i-1} (p_i-1)\right\}$$

$$= \prod_{i=1}^{r} p_i^{a_i} = m .$$

<u>Die Anzahl der Lösungen einer Kongruenz</u>

Am Anfang dieses Kapitels wurde bewiesen, dass falls $(a,m) = 1$, die lineare Kongruenz $ax \equiv c \pmod{m}$ lösbar ist und (bis auf

Kongruenz) eine einzige Lösung besitzt. Was kann man über die Anzahl der Lösungen einer polynomialen Kongruenz

$$a_o x^n + a_1 x^{n-1} + \dots + a_n \equiv 0 \pmod p$$

sagen, wenn $n > 1$ und p eine Primzahl ist? Ist x eine Lösung dieser Kongruenz, so auch jede zu x modulo p kongruente Zahl. Deshalb verstehen wir unter der Anzahl der Lösungen einer solchen Kongruenz die Anzahl der Restklassen, deren Elemente die Kongruenz erfüllen. Die Anzahl der Lösungen ist also gleich der Anzahl der Repräsentanten eines vollständigen Restsystems (mod p), die dieser Kongruenz genügen.

Eine solche Kongruenz kann lösbar sein oder nicht; zum Beispiel hat

$$x^2 \equiv 3 \pmod 7$$

keine Lösung, wie man durch Einsetzen der sieben möglichen Werte $x = 0,1,\dots,6$ sieht.

Andererseits wissen wir nach dem Satz von Fermat, dass die Kongruenz

$$x^{p-1} \equiv 1 \pmod p$$

die $p-1$ Lösungen $1,2,\dots,p-1$ besitzt.

Da $x^{p-1} \equiv 1 \pmod p$, wenn $p \nmid x$, so ist $x^p \equiv x \pmod p$ für alle x, $x^{p+1} \equiv x^2 \pmod p$ für alle x, und so weiter: jede Potenz $n > p-1$ lässt sich reduzieren, deshalb dürfen wir annehmen, dass der Grad n höchstens $p-1$ ist. Ferner werden wir annehmen, dass $(a_o,p) = 1$; dann ist der Grad der Kongruenz wirklich n.

Die Antwort auf unsere Frage liefert der

Satz 7: Die Kongruenz

$$a_o x^n + a_1 x^{n-1} + \dots + a_n \equiv 0 \pmod p, \quad \text{mit } (a_o,p) = 1 \qquad (1)$$

besitzt höchstens n Lösungen.

Beweis: durch vollständige Induktion.

Der Satz ist wegen $(a_o,p) = 1$ für $n = 1$ richtig. Wir nehmen an, der Satz gelte für Kongruenzen vom Grade $(n-1)$.

Der Satz ist trivialerweise erfüllt für den Grad n falls (1) keine Lösung hat. Hat (1) eine Lösung x_1, dann ist

$$a_o x_1^n + a_1 x_1^{n-1} + \ldots + a_n \equiv 0 \pmod p . \tag{2}$$

Wenn wir (2) von (1) subtrahieren, erhalten wir die Kongruenz

$$a_o(x^n - x_1^n) + a_1(x^{n-1} - x_1^{n-1}) + \ldots + a_{n-1}(x - x_1) \equiv 0 \pmod p, \tag{3}$$

die offenbar durch jede Lösung von (1) befriedigt wird. Aber (3) lässt sich auch als

$$(x-x_1)(a_o x^{n-1} + b_1 x^{n-2} + \ldots + b_{n-1}) \equiv 0 \pmod p \tag{4}$$

schreiben, wobei $b_1,\ldots,b_{n-1}$ von x_1 und $a_o,\ldots,a_n$ abhängen.

Folglich befriedigt jede Lösung von (1) entweder die Kongruenz $(x-x_1) \equiv 0 \pmod p$, welche die ursprüngliche Lösung $x = x_1$ liefert, oder die Kongruenz

$$a_o x^{n-1} + b_1 x^{n-2} + \ldots + b_{n-1} \equiv 0 \pmod p, \text{ mit } (a_o,p) = 1 , \tag{5}$$

die nach Induktionsvoraussetzung höchstens $(n-1)$ Lösungen besitzt. Somit besitzt (1) höchstens n Lösungen, wie wir behauptet haben.

KAPITEL III. - DIE RATIONALE APPROXIMATION EINER IRRATIONALEN ZAHL. DER SATZ VON HURWITZ.

Sei ξ eine beliebige irrationale Zahl. Zu jedem $\varepsilon > 0$ gibt es eine rationale Zahl h/k derart, dass $\left|\xi - \frac{h}{k}\right| < \varepsilon$, da die rationalen Zahlen überall dicht auf der Zahlengeraden liegen.

Das Problem, das wir hier betrachten wollen, ist die Bestimmung von h/k für gegebene ξ und ε.

Als erstes Ergebnis beweisen wir den

Satz 1: Ist ξ eine irrationale Zahl, und N eine positive ganze Zahl, so gibt es eine rationale Zahl h/k mit Nenner $k \leq N$ derart, dass

$$|\xi - h/k| < \frac{1}{kN} .$$

Beweis: Es bezeichne $[x]$ für positives reelles x die grösste ganze Zahl $\leq x$. Dann gilt $0 < n\xi - [n\xi] < 1$, mit strikter Ungleichheit, da ξ irrational ist. Durchläuft n die Zahlen $1,2,\ldots,N$, so erhalten wir N verschiedene Zahlen $n\xi - [n\xi]$, die alle im offenen Intervall $(0,1)$ liegen. Wir betrachten die N offenen Teilintervalle $(0,\frac{1}{N}), (\frac{1}{N},\frac{2}{N}), \ldots, (\frac{N-1}{N},1)$.

In jedem Teilintervall liegt entweder genau eine der Zahlen $n\xi - [n\xi]$, oder es gibt ein Teilintervall, das mindestens zwei solche Zahlen enthält. Wir unterscheiden die beiden Fälle:

(1) Im ersten Fall enthält das Intervall $(0,\frac{1}{N})$ eine unserer Zahlen; also ist

$$0 < m\xi - [m\xi] < \frac{1}{N} \quad \text{für ein ganzes } m, \quad 1 \leq m \leq N ;$$

folglich gilt $0 < \xi - \frac{[m\xi]}{m} < \frac{1}{mN}$, d.h. wir haben eine rationale Zahl h/k mit der gewünschten Eigenschaft gefunden.

(2) Gibt es im Intervall $(0,\frac{1}{N})$ keine Zahl $n\xi - [n\xi]$, so enthält ein anderes Intervall (mindestens) zwei solche Zahlen, sagen wir $n\xi - [n\xi]$ und $m\xi - [m\xi]$. Dann haben wir zwei ganze

Zahlen m und n, mit $0 < m < n \leq N$ und

$$|(n\xi - [n\xi]) - (m\xi - [m\xi])| < \frac{1}{N},$$

oder

$$|(n-m)\xi - ([n\xi] - [m\xi])| < \frac{1}{N}.$$

Setzen wir jetzt $n-m = k$ und $[n\xi] - [m\xi] = h$, so haben wir wieder eine rationale Zahl h/k derart, dass

$$\left|\xi - \frac{h}{k}\right| < \frac{1}{kN},$$

mit $k = n-m < N$.

Ein etwas schärferes Resultat erhält man durch Anwendung der Theorie der Fareyfolgen. Sei ξ irrational; wir dürfen $0 < \xi < 1$ annehmen, denn für jedes n lässt sich

$$\xi - \frac{h}{k} \quad \text{als} \quad (\xi + n) - (\frac{h}{k} + n)$$

schreiben.

Da ξ irrational ist, ist $\xi \notin F_N$ für jedes N; aber ξ liegt zwischen zwei Nachbarbrüchen $\frac{a}{b}$ und $\frac{c}{d}$ von F_N:

$$\frac{a}{b} < \xi < \frac{c}{d}.$$

Wir bilden die Mediante $\frac{a+c}{b+d}$; aus Kapitel I wissen wir, dass $\frac{a}{b} < \frac{a+c}{b+d} < \frac{c}{d}$. Folglich liegt ξ in einem der beiden Intervalle $(\frac{a}{b}, \frac{a+c}{b+d})$ oder $(\frac{a+c}{b+d}, \frac{c}{d})$, das heisst es gilt entweder $\frac{a}{b} < \xi < \frac{a+c}{b+d}$ oder $\frac{a+c}{b+d} < \xi < \frac{c}{d}$. Aber $\frac{a+c}{b+d} \notin F_N$ da $\frac{a}{b}$ und $\frac{c}{d}$ Nachbarn in F_N sind; deshalb ist $b+d \geq N+1$. Wir haben also entweder

$$0 < \xi - \frac{a}{b} < \frac{a+c}{b+d} - \frac{a}{b} = \frac{bc-ad}{b(b+d)} = \frac{1}{b(b+d)} \leq \frac{1}{b(N+1)},$$

oder

$$0 < \frac{c}{d} - \xi < \frac{c}{d} - \frac{a+c}{b+d} = \frac{bc-ad}{d(b+d)} = \frac{1}{d(b+d)} \leq \frac{1}{d(N+1)}$$

Nun sind $\frac{a}{b}$ und $\frac{c}{d}$ als Elemente von F_N irreduzibel, ausserdem gilt $b \leq N$ und $d \leq N$. Somit haben wir

Satz 2: Ist ξ irrational und N eine positive ganze Zahl, so gibt es einen irreduziblen Bruch h/k mit $k \leq N$ derart, dass

$$\left|\xi - \frac{h}{k}\right| < \frac{1}{k(N+1)} .$$

Ferner sieht man leicht, dass es unendlich viele solche rationale Zahlen h/k gibt, da h/k ein Element von F_N ist, wobei wir über N verfügen können.

Bleibt Satz 2 für rationales ξ richtig? Sei $\xi = \frac{l}{m}$ mit $(l,m) = 1$ und $m > N$. Dann ist $\xi \notin F_N$, und wir können denselben Beweis anwenden, mit der Ausnahme, dass der Fall $\xi = \frac{a+c}{b+d}$ eintreten könnte. Daher können wir nicht, wie in Satz 2, eine strikte Ungleichung erhalten; wir haben den

Satz 3: Ist N eine positive ganze Zahl und $\frac{l}{m}$ ein irreduzibler Bruch mit Nenner $m > N$, so gibt es einen irreduziblen Bruch $\frac{h}{k}$ mit Nenner $k \leq N$ derart, dass

$$\left|\frac{l}{m} - \frac{h}{k}\right| \leq \frac{1}{k(N+1)} .$$

Da $k < N+1$, so folgt unmittelbar aus Satz 2 der

Satz 4: Ist ξ irrational, so gibt es unendlich viele rationale Zahlen h/k, welche die Ungleichung $|\xi - h/k| < 1/k^2$ erfüllen.

(Man sagt auch, ξ sei durch h/k mit der Genauigkeit $1/k^2$ approximierbar).

Summen von zwei Quadraten

Als Anwendung von Satz 3 zeigen wir, dass sich gewisse Zahlen als Summe zweier Quadrate darstellen lassen.

Satz 5: Sind n und A positive ganze Zahlen wobei $n \mid A^2+1$ und $n \geq 2$, so gibt es ganze Zahlen s und t derart, dass $n = s^2+t^2$.

Beweis: Wir setzen $N = [\sqrt{n}]$; dann ist $n > N$ für $n > 1$. Ferner folgt aus $n \mid A^2+1$, dass $(n,A) = 1$, denn jeder gemeinsame Teiler von n und A muss auch 1 teilen. Somit ist A/n ein reduzierter Bruch mit Nenner $n > N$, und nach Satz 3 gibt es einen reduzierten Bruch r/s derart, dass

$$\left|\frac{A}{n} - \frac{r}{s}\right| \leq \frac{1}{s(N+1)} \qquad \text{und} \quad 0 < s \leq N ,$$

also

$$|As-rn| \leq \frac{n}{N+1} = \frac{n}{[\sqrt{n}]+1} < \sqrt{n} .$$

Nun ist $As-rn = t$ eine ganze Zahl, und

$$\begin{aligned} s^2 + t^2 &= s^2 + (As-rn)^2 \\ &= s^2(A^2+1) - 2Asrn + r^2n^2 ; \end{aligned}$$

n teilt die rechte Seite, also gilt auch $n \mid (s^2+t^2)$. Aber aus $0 < s \leq N < \sqrt{n}$ und $|t| < \sqrt{n}$ folgt $0 < s^2+t^2 < 2n$. Da s^2+t^2 ein Vielfaches von n ist, muss $n = s^2+t^2$ sein, d.h. n ist als Summe zweier Quadrate darstellbar.

Es ist leicht einzusehen, dass diese Quadratzahlen teilerfremd sein müssen:

$$(s,t) = (s,As-rn) = (s,rn) .$$

Aber r/s ist irreduzibel: $(r,s) = 1$, folglich ist $(s,t) = (s,n)$. Ferner gilt

$$n = s^2 + t^2 = s^2(A^2+1) - 2Asrn + r^2n^2 ,$$

oder

$$1 = \frac{s^2(A^2+1)}{n} - 2Asr + r^2n \ .$$

Nach Voraussetzung ist $(A^2+1)/n$ ganz, also muss jeder gemeinsame Teiler von s und n auch die Eins teilen: $(s,n) = 1$ und folglich $(s,t) = 1$.

Korollar: Falls $n \mid A^2+B^2$, $n \geq 2$ und $(A,B) = 1$, so gibt es zwei ganze Zahlen s und t mit der Eigenschaft: $n = s^2+t^2$.

Beweis: Wir wenden die Identität

$$(A^2+B^2)(C^2+D^2) = (AD+BC)^2 + (AC-BD)^2$$

an. Wegen $(A,B) = 1$ wissen wir aus Kapitel I, dass es ganze Zahlen C und D gibt mit $AC-BD = 1$. Dann ist

$$(A^2+B^2)(C^2+D^2) = (AD+BC)^2 + 1 \ ,$$

und folglich gilt $n \mid (AD+BC)^2 + 1$. Nach Satz 5 ist $n = s^2+t^2$ für gewisse ganze Zahlen s und t.

Jetzt kehren wir kurz zu den Primzahlen zurück. Im Kapitel I haben wir mittels des Euklidischen Beweises gezeigt, dass es unendlich viele Primzahlen gibt. Nun ist jede Primzahl $p \neq 2$ entweder von der Gestalt $4k-1$ oder $4k+1$. Wir zeigen jetzt durch analoge Betrachtungen, dass jede dieser arithmetischen Reihen unendlich viele Primzahlen enthält.

Satz 6: Es gibt unendlich viele Primzahlen der Gestalt $4k-1$.

Beweis: Seien $q_1, q_2, \ldots, q_r$ die r ersten Primzahlen der Form $4k-1$. Wir definieren

$$N = 4q_1q_2 \cdots q_r - 1 \ .$$

N ist eine ungerade Zahl, also haben alle Teiler von N die Gestalt $4k-1$ oder $4k+1$. Alle Teiler von N können aber nicht von der Gestalt $4k+1$ sein, denn das Produkt zweier solcher

Zahlen hat wieder dieselbe Gestalt. Also hat N einen Primteiler der Form $4k-1$. Es ist auch klar, dass keine der Primzahlen $q_1, q_2, \ldots, q_r$ die Zahl N teilen kann. Folglich gibt es eine Primzahl der Gestalt $4k-1$, die grösser als q_r ist.

Satz 7: Es gibt unendlich viele Primzahlen der Gestalt $4k+1$.

Beweis: Wären $5, 13, \ldots, p$ die einzigen Primzahlen der Gestalt $4k+1$ (p die grösste), so könnte man die Zahl

$$N = (2\cdot 5\cdot 13\ldots p)^2 + 1$$

bilden. Da $N \equiv 1 \pmod 4$, aber $N > p$, müsste N zusammengesetzt und alle Teiler von N ungerade sein. Nach Satz 5 hat jeder Primteiler q von N die Gestalt $q = s^2+t^2$. Damit q ungerade wird muss eine der Zahlen s,t gerade und die andere ungerade sein. Dann ist $q = s^2+t^2 \equiv 1 \pmod 4$, d.h. jeder Primteiler von N hat die Gestalt $4k+1$. Dies führt aber zu einem Widerspruch, denn N ist zusammengesetzt, und offenbar durch keine der Primzahlen $5, 13, \ldots, p$ teilbar, die nach unserer Annahme die einzigen von der Gestalt $4k+1$ sind.

Nach diesen drei Sätzen fahren wir mit der rationalen Approximation einer irrationalen Zahl fort. Wir können Satz 4 wie folgt verschärfen:

Satz 8: Zu jeder irrationalen ξ gibt es unendlich viele reduzierte Brüche h/k mit der Eigenschaft

$$|\xi - h/k| < \frac{1}{2k^2} .$$

Beweis: Wie früher, dürfen wir $0 < \xi < 1$ annehmen. Wir wenden wiederum die Fareyfolgen an. Sei F_N $(N>1)$ irgendeine Fareyfolge. Dann liegt ξ zwischen zwei aufeinander folgenden Brüchen von F_N, sagen wir $\frac{a}{b} < \xi < \frac{c}{d}$. Wir werden Satz 8 beweisen, indem wir zeigen, dass mindestens eine der beiden Ungleichungen

$$\xi - \frac{a}{b} < \frac{1}{2b^2} \quad \text{oder} \quad \frac{c}{d} - \xi < \frac{1}{2d^2} \qquad (1)$$

gilt. Wäre gleichzeitig

$$\xi - \frac{a}{b} \geq \frac{1}{2b^2} \qquad \text{und} \qquad \frac{c}{d} - \xi \geq \frac{1}{2d^2} \quad , \tag{2}$$

so würde man durch Addieren die Ungleichung

$$\frac{c}{d} - \frac{a}{b} \geq \frac{1}{2}\left(\frac{1}{b^2} + \frac{1}{d^2}\right) , \quad \text{oder} \quad \frac{bc-ad}{bd} \geq \frac{b^2+d^2}{2b^2d^2}$$

erhalten. Aber $bc-ad = 1$ da $\frac{a}{b} < \frac{c}{d}$ Nachbarn in F_N sind. Also ist (2) nur für $(b-d)^2 \leq 0$ möglich, das heisst für $b = d$. Diese Möglichkeit wird aber durch Satz I.11 ausgeschlossen (für $N > 1$ haben zwei Nachbarn in F_N nie denselben Nenner). Folglich ist (2) unmöglich, also gilt wenigstens eine der Ungleichungen (1). Somit haben wir in F_N einen Bruch h/k (entweder a/b oder c/d) gefunden, derart, dass $|\xi - h/k| < 1/2k^2$. Wie im Beweis von Satz 2 sieht man leicht, dass es unendlich viele solche Brüche gibt, denn N steht uns zur Verfügung.

Der Satz von Hurwitz

Zuerst haben wir gezeigt, dass sich jede irrationale Zahl ξ durch unendlich viele rationale Zahlen h/k mit einer Genauigkeit von $1/k^2$ approximieren lässt; dann wurde diese Schranke auf $1/2k^2$ verbessert. Man kann sich nun fragen ob es möglich ist, dieses Ergebnis noch weiter zu verschärfen: Gibt es Zahlen $c > 2$ mit der Eigenschaft, dass sich ξ durch unendlich viele rationale Zahlen h/k mit einer Genauigkeit von $1/ck^2$ approximieren lässt?

Die Antwort auf diese Frage liefert folgender

Satz 9 (Hurwitz): Ist ξ irrational, so besitzt die Ungleichung

$$\left|\xi - \frac{h}{k}\right| < \frac{1}{ck^2}$$

für jede positive reelle Zahl $c \leq \sqrt{5}$ unendlich viele rationale Lösungen h/k. Ist aber $c > \sqrt{5}$, so gibt es irrationale Zahlen ξ für welche diese Ungleichung nur endlich viele Lösungen h/k besitzt.

Für den ersten Teil dieses Satzes werden wir einen geometrischen Beweis von Rademacher bringen, der sich auf die Eigenschaften gewisser Kreise stützt. Diese Kreise, die Rademacher "Ford-Kreise" nennt, hängen mit den Fareybrüchen zusammen.

Ford-Kreise

Wir betrachten die komplexe Ebene, deren Punkte wie üblich mit $z = x + iy$ bezeichnet werden. Jedem Fareybruch h/k wird ein Kreis $C(h/k)$ vom Radius $1/2k^2$ und Mittelpunkt $\frac{h}{k} + \frac{i}{2k^2}$ zugeordnet. Die Gleichung des Kreises $C(h/k)$ ist

$$\left|z - \left(\frac{h}{k} + \frac{i}{2k^2}\right)\right| = \frac{1}{2k^2} .$$

Diese Kreise heissen "Ford-Kreise"; ihre wichtigste Eigenschaft ist, dass sie sich nie schneiden, obschon sie sich berühren können.

Satz 10: Zwei verschiedene Ford-Kreise können sich nicht schneiden. Sie berühren sich genau dann, wenn die zugehörigen Brüche Nachbarn in einer gewissen Fareyfolge sind.

Beweis: Seien $C(h/k)$ und $C(l/m)$ zwei verschiedene Ford-Kreise; ihre Mittelpunkte sind $\frac{h}{k} + \frac{i}{2k^2}$, bzw. $\frac{l}{m} + \frac{i}{2m^2}$. Es sei d der Abstand ihrer Mittelpunkte und t die Summe ihrer Radien; wir werden zeigen, dass $d \geq t$ ist.

Aus

$$d^2 = \left(\frac{h}{k} - \frac{l}{m}\right)^2 + \left(\frac{1}{2k^2} - \frac{1}{2m^2}\right)^2 ,$$

und

$$t^2 = \left(\frac{1}{2k^2} + \frac{1}{2m^2}\right)^2 ,$$

folgt

$$d^2 - t^2 = \left(\frac{h}{k} - \frac{l}{m}\right)^2 - \frac{1}{k^2m^2} = \frac{(kl-hm)^2-1}{k^2m^2} .$$

Da h/k und l/m verschiedene reduzierte Fareybrüche sind, ist $kl-hm$ eine nicht verschwindende ganze Zahl, also $(kl-hm)^2 \geq 1$.

Somit ist $d^2-t^2 \geq 0$, mit Gleichheit dann und nur dann, wenn $|kl-hm| = 1$; in diesem Fall sind aber h/k und l/m Nachbarn in einer gewissen Fareyfolge (z.B. in F_{k+m-1}).

Eine weitere wichtige Eigenschaft der Ford-Kreise ist, dass ihre Berührungspunkte immer rationale Koordinaten haben. Zum Beweise nehmen wir an, $C(h/k)$ und $C(l/m)$ berühren sich im Punkte $w = u + iv$. Dann wird das Intervall $(h/k, l/m)$ durch den Punkt u im Verhältnis $\frac{1}{k^2} : \frac{1}{m^2}$ geteilt (siehe Figur 1).

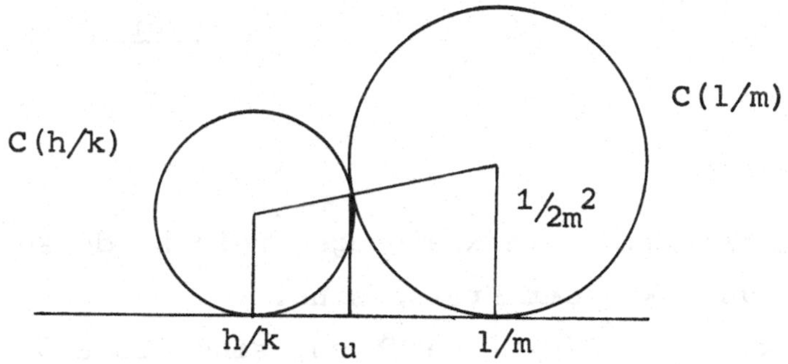

(Figur 1)

Daraus folgt

$$u = \frac{h}{k} + \left(\frac{l}{m} - \frac{h}{k}\right) \frac{m^2}{k^2+m^2} ,$$

oder

$$u = \frac{hk + lm}{k^2 + m^2} , \qquad (3)$$

eine rationale Zahl. Analog zeigt man, dass v rational ist.

Kreisbogendreiecke

Jetzt betrachten wir drei sich paarweise berührende Ford-Kreise $C(h/k)$, $C(h_1/k_1)$ und $C(H/K)$; wir nehmen an, es sei $0 < K < k < k_1$. Dann haben wir eine der beiden Konfigurationen:

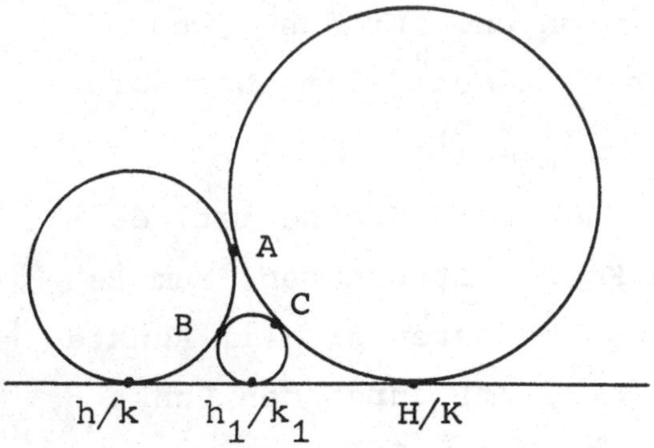

(Figur 2)

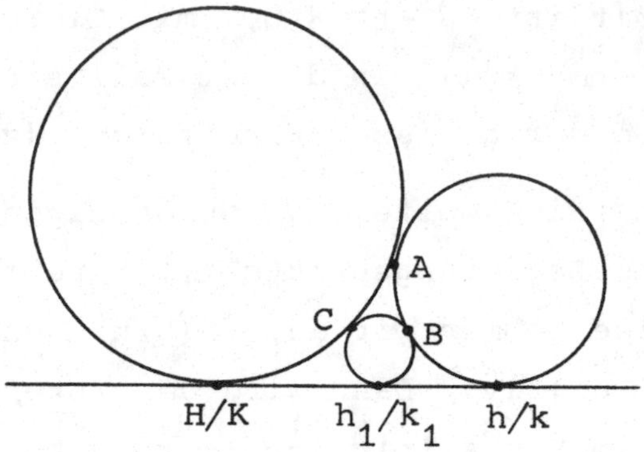

(Figur 3)

Drei solche Kreise bestimmen ein Kreisbogendreieck, dessen Eckpunkte die Berührungspunkte der Kreise sind.

Da sich $C(h/k)$ und $C(H/K)$ berühren, sind die Brüche h/k und H/K Nachbarn in einer gewissen Fareyfolge, z.B. in F_k. Da $k_1 > k$, ist $\frac{h_1}{k_1} \notin F_k$. Aber h_1/k_1 ist sowohl Nachbar von h/k als auch von H/K, denn die zugehörigen Kreise berühren sich. Folglich muss h_1/k_1 die Mediante von h/k und H/K in einer gewissen Fareyfolge höherer Ordnung, also

$$h_1 = h + H \quad \text{und} \quad k_1 = k + K \tag{4}$$

sein.

Nach diesen Vorbereitungen können wir den Satz von Hurwitz beweisen.

Beweis von Satz 9: Wir fangen mit dem zweiten Teil an. Sei $c > \sqrt{5}$; wir zeigen, dass es zu der irrationalen Zahl $\xi = \frac{1}{2}(1+\sqrt{5})$ nur endlich viele rationale Zahlen h/k gibt, welche der Ungleichung $|\xi - h/k| < 1/ck^2$ genügen.

Wir schreiben $c = \frac{\sqrt{5}}{\alpha}$, mit $0 < \alpha < 1$, und nehmen an, es gelte

$$\left|\frac{h}{k} - \frac{1+\sqrt{5}}{2}\right| < \frac{\alpha}{\sqrt{5}\,k^2} . \tag{5}$$

Nun setzen wir $\frac{h}{k} - \frac{1+\sqrt{5}}{2} = \frac{\theta}{\sqrt{5}\,k^2}$; dann ist (5) äquivalent mit $|\theta| < \alpha$. Wir haben also

$$h - \frac{k}{2} = \frac{\sqrt{5}\,k}{2} + \frac{\theta}{\sqrt{5}\,k} \qquad ,$$

daher durch Quadrieren

$$h^2 - hk - k^2 = \theta + \frac{\theta^2}{5k^2} \qquad .$$

Nun ist

$$h^2 - hk - k^2 = \left(h - \frac{1+\sqrt{5}}{2}\,k\right)\left(h - \frac{1-\sqrt{5}}{2}\,k\right) ,$$

und h, k sind ganze Zahlen; folglich gilt $h^2 - hk - k^2 = 0$ genau dann, wenn $h = k = 0$ ist. Aber $k = 0$ ist unmöglich, also muss $|h^2 - hk - k^2| \geq 1$ sein.

Aus $|\theta| < \alpha < 1$ folgt jetzt

$$1 \leq \left|\theta + \frac{\theta^2}{5k^2}\right| \leq |\theta| + \frac{|\theta|^2}{5k^2} < \alpha + \frac{\alpha^2}{5k^2} \qquad ,$$

oder

$$k^2 < \frac{\alpha^2}{5(1-\alpha)} \qquad . \tag{6}$$

Somit sehen wir, dass der Nenner k eines Bruches h/k, welcher (5) erfüllt, der Ungleichung (6) genügen muss. Da α gegeben ist, sind für k nur endlich viele Werte, folglich, wegen (5), auch für h nur endlich viele Werte möglich. Damit ist gezeigt, dass (5) für $c > \sqrt{5}$ nur endlich viele Lösungen h/k hat.

Um den ersten Teil von Satz 9 zu beweisen, betrachten wir eine irrationale Zahl ξ mit $0 < \xi < 1$. Die vertikale Gerade $x = \xi$ kann durch keinen Berührungspunkt zweier Ford-Kreise gehen, denn diese Punkte haben eine rationale Abszisse. Folglich muss sie durch unendlich viele Kreisbogendreiecke gehen. Eines dieser Dreiecke sei durch die Kreise $C(h/k)$, $C(h_1/k_1)$ und $C(H/K)$ bestimmt. Die Konfiguration aller Ford-Kreise ist symmetrisch bezüglich der Linie $x = \frac{1}{2}$; deshalb dürfen wir, wenn nötig, ξ durch $1-\xi$ ersetzen, und annehemen, dass (wie in Figur 2)

$$\left.\begin{aligned} &0 < K < k < k_1 , \\ &\frac{h}{k} < \xi < \frac{H}{K} , \\ \text{und wegen (4),}\quad &\frac{h}{k} < \frac{h_1}{k_1} < \frac{H}{K} . \end{aligned}\right\} \tag{7}$$

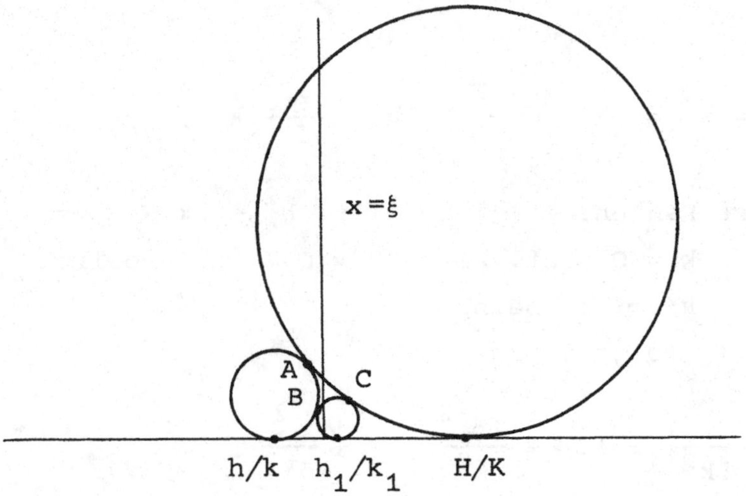

(Figur 4)

Es seien A, B, C die Eckpunkte des durch $C(h/k)$, $C(h_1/k_1)$ und $C(H/K)$ bestimmten Dreiecks (Figur 4), und a, b, c ihre Abszissen. Wir wissen aus (3), dass

$$a = \frac{hk + HK}{k^2 + K^2} , \quad b = \frac{hk + h_1k_1}{k^2 + k_1^2} , \quad c = \frac{h_1k_1 + HK}{k_1^2 + K^2} .$$

Zunächst zeigen wir, dass unter der Annahme (7) der Punkt C immer rechts von den beiden Punkten A und B liegt.

Tatsächlich gilt

$$c - a = \frac{h_1k_1(k^2+K^2) - HK(k_1^2 - k^2) - hk(k_1^2 + K^2)}{(k^2 + K^2)(k_1^2 + K^2)}$$

$$= \frac{kk_1(h_1k - hk_1) - k_1K(Hk_1 - h_1K) + kK(Hk - hK)}{(k^2 + K^2)(k_1^2 + K^2)}$$

$$= \frac{kk_1 - k_1K + kK}{(k^2+K^2)(k_1^2+K^2)} = \frac{k_1(k-K) + kK}{(k^2+K^2)(k_1^2+K^2)} .$$

Aber $k-K > 0$ und somit ist $c-a > 0$. Analog ergibt sich $c-b > 0$.

Hingegen kann $a-b$ positiv (wie in Figur 2) oder negativ (wie in Figur 4) sein. In beiden Fällen werden wir eine rationale Zahl l/m angeben, welche ξ mit der Genauigkeit $1/\sqrt{5}\,m^2$ annähert.

Wie oben rechnet man aus

$$b - a = \frac{k^2 - kK - K^2}{(k^2+K^2)(k^2+k_1^2)} = \frac{\left(k - \frac{1+\sqrt{5}}{2}K\right)\left(k - \frac{1-\sqrt{5}}{2}K\right)}{(k^2+K^2)(k^2+k_1^2)} .$$

Nun ist $k - \frac{1-\sqrt{5}}{2}K > k-K > 0$; also hat $b-a$ dasselbe Vorzeichen wie $k - \frac{1+\sqrt{5}}{2}K$. Wir trennen die Fälle $b-a > 0$ und $b-a < 0$.

Fall I: $b-a > 0$, oder $R = \frac{k}{K} > \frac{1}{2}(1+\sqrt{5})$. Wir werden zeigen, dass in diesem Fall

$$\left|\xi - \frac{H}{K}\right| < \frac{1}{\sqrt{5}\,K^2}$$

gilt.

Denn $a < b < c$ und die Linie $x = \xi$ geht durch das Dreieck ABC; folglich ist $a < \xi < c < \frac{H}{k}$ und somit

$$0 < \frac{H}{K} - \xi < \frac{H}{K} - a = \frac{H}{K} - \frac{hk + HK}{k^2 + K^2} = \frac{k}{K(k^2+K^2)} = \frac{R}{K^2(R^2+1)} .$$

Wegen $R > \frac{1}{2}(1+\sqrt{5})$ gilt $\left(R - \frac{1+\sqrt{5}}{2}\right)\left(R + \frac{1-\sqrt{5}}{2}\right) > 0$, also $R^2 - \sqrt{5}\,R + 1 > 0$, oder $\frac{R}{R^2+1} < \frac{1}{\sqrt{5}}$, und daraus folgt

$$0 < \frac{H}{K} - \xi < \frac{1}{\sqrt{5}\,K^2} ,$$

wie wir behauptet haben.

Fall II: $b-a < 0$, oder $R = \frac{k}{K} < \frac{1}{2}(1+\sqrt{5})$. In diesem Fall werden wir zeigen, dass

$$\left|\xi - \frac{h_1}{k_1}\right| < \frac{1}{\sqrt{5}\,k_1^2}$$

ausfällt.

Es ist nämlich $b < a < c$, sowie

$$b < \xi < c. \tag{8}$$

Wir beweisen zuerst die Ungleichung

$$\frac{h_1}{k_1} - b > c - \frac{h_1}{k_1} . \tag{9}$$

Durch Addition der Gleichungen

$$\frac{h_1}{k_1} - b = \frac{h_1}{k_1} - \frac{hk + h_1k_1}{k^2 + k_1^2} = \frac{k}{k_1(k^2+k_1^2)}$$

und

$$c - \frac{h_1}{k_1} = \frac{h_1k_1 + HK}{k_1^2 + K^2} - \frac{h_1}{k_1} = \frac{K}{k_1(k_1^2+K^2)}$$

erhält man in der Tat, wegen $k_1 = k+K$,

$$\left(\frac{h_1}{k_1} - b\right) - \left(c - \frac{h_1}{k_1}\right) = \frac{k^3 - K^3}{k_1(k^2+k_1^2)(K^2+k_1^2)} > 0 .$$

Nun folgt aus (8), dass

$$\frac{h_1}{k_1} - c < \frac{h_1}{k_1} - \xi < \frac{h_1}{k_1} - b ,$$

und dies zusammen mit (9) ergibt

$$\left|\frac{h_1}{k_1} - \xi\right| < \frac{h_1}{k_1} - b ,$$

oder

$$\left|\frac{h_1}{k_1} - \xi\right| < \frac{k}{k_1(k^2+k_1^2)} = \frac{R(R+1)}{R^2+(R+1)^2} \cdot \frac{1}{k_1^2} ,$$

da $k_1 = k+K$ (vgl.(6)).

Es bleibt nur noch zu zeigen, dass

$$\frac{R(R+1)}{R^2+(R+1)^2} < \frac{1}{\sqrt{5}} \quad \text{falls} \quad R < \frac{1}{2}(1+\sqrt{5}) .$$

Die Annahme

$$\frac{R(R+1)}{R^2+(R+1)^2} \geq \frac{1}{\sqrt{5}}$$

ergäbe $R(R+1)\sqrt{5} \geq R^2+(R+1)^2$, oder $R^2(\sqrt{5}-2) + R(\sqrt{5}-2) - 1 \geq 0$, also $R^2+R-(\sqrt{5}+2) \geq 0$, d.h. $\left(R + \frac{3+\sqrt{5}}{2}\right)\left(R - \frac{1+\sqrt{5}}{2}\right) \geq 0$, was unmöglich ist, da der erste Faktor positiv und der zweite Faktor negativ ist.

Somit haben wir in beiden Fällen eine rationale Zahl l/m gefunden, welche der Ungleichung

$$\left|\xi - \frac{l}{m}\right| < \frac{1}{\sqrt{5}\, m^2} \tag{10}$$

genügt.

Da die vertikale Gerade $x = \xi$ durch unendlich viele Kreisbogendreiecke geht, gibt es sogar unendlich viele rationale Zahlen, die (10) genügen. Der Satz von Hurwitz ist damit bewiesen.

KAPITEL IV. - QUADRATISCHE RESTE, UND DIE DARSTELLBARKEIT EINER POSITIVEN GANZEN ZAHL ALS SUMME VON VIER QUADRATEN.

Die Theorie der quadratischen Reste ist ein einfaches aber grundlegendes Kapitel der Zahlentheorie. Zum Beispiel lassen sich mit ihr die schönen Sätze von Fermat über die Darstellbarkeit einer Primzahl der Gestalt $4k+1$ als Summe von zwei Quadraten, und von Lagrange über die Darstellbarkeit einer ganzen Zahl $n \geq 1$ als Summe von vier Quadraten beweisen.

Es sei p eine ungerade Primzahl, und x ein Element des vollständigen Restsystems (mod p),

$$1,2,3, \ldots , p-1 . \qquad (1)$$

Dann ist $(p,x) = 1$, und wir wissen aus Kapitel II, dass die Zahlen

$$x,2x,3x, \ldots , (p-1)x \qquad (2)$$

auch ein vollständiges Restsystem (mod p) bilden. Ist also a eine zu p teilerfremde ganze Zahl, so gibt es eine eindeutig bestimmte ganze Zahl x' derart, dass $1 \leq x' \leq p-1$ und

$$xx' \equiv a \pmod{p} ;$$

x' heisst zu x <u>assoziiert</u>.

Ist $x' = x$, so haben wir eine Lösung der Kongruenz

$$x^2 \equiv a \pmod{p} .$$

<u>Definition:</u> Sei p eine ungerade Primzahl und a eine zu p teilerfremde ganze Zahl. Wenn die Kongruenz $x^2 \equiv a \pmod{p}$ lösbar ist, heisst a <u>quadratischer Rest modulo p</u>; andernfalls heisst a <u>quadratischer Nichtrest modulo p</u>.

Wir werden oft aRp (bzw. aNp) schreiben falls a quadratischer Rest (bzw. Nichtrest) modulo p ist.

Wieviele der Zahlen $1,2,3,\dots,p-1$ sind quadratische Reste modulo p? Um diese Frage zu beantworten, müssen wir wissen wieviele der Kongruenzen

$$x^2 \equiv a \pmod{p} \tag{3}$$

lösbar sind, wenn a die Folge $1,2,3,\dots,p-1$ durchläuft. Eine äquivalente Frage ist: Wieviele verschiedene Werte a erhält man, wenn x dieselbe Folge durchläuft? Dazu betrachten wir die Zahlen

$$1^2, 2^2, 3^2, \dots, \left(\frac{p-1}{2}\right)^2 .$$

Sie sind alle inkongruent (mod p); denn, falls $r^2 \equiv s^2 \pmod{p}$, so muss entweder $r \equiv s \pmod{p}$ oder $r \equiv -s \pmod{p}$ sein; beide Möglichkeiten sind aber durch die Einschränkung $1 \leqslant r < s \leqslant \frac{1}{2}(p-1)$ ausgeschlossen.

Ferner ist $r^2 \equiv (p-r)^2 \pmod{p}$, d.h. quadratische Reste treten paarweise auf.

Aus diesen beiden Bemerkungen folgt, dass die Zahl a in (3) genau $\frac{1}{2}(p-1)$ verschiedene Werte annimmt, wenn x die Folge $1,2,3,\dots,p-1$ durchläuft. Folglich gibt es genau $\frac{1}{2}(p-1)$ quadratische Reste modulo p und somit auch genau $\frac{1}{2}(p-1)$ quadratische Nichtreste.

Das Legendresche Symbol. Sei p eine ungerade Primzahl und m irgend eine zu p teilerfremde ganze Zahl. Wir definieren

$$\left(\frac{m}{p}\right) = \begin{cases} +1 & \text{falls mRp} \\ -1 & \text{falls mNp} . \end{cases} \tag{4}$$

Es ist oft zweckmässig, die Legendresche Definition wie folgt zu erweitern: $\left(\frac{m}{p}\right) = 0$ falls $p \mid m$.

Da es gleich viele quadratische Reste wie Nichtreste modulo p gibt, gilt

$$\sum_{m=0}^{p-1} \left(\frac{m}{p}\right) = 0 ,$$

wobei wir $\left(\frac{m}{p}\right) = 0$ für $p \mid m$ setzen.

Der Wilsonsche Satz

Satz 1 (Wilson): Für jede Primzahl p ist $(p-1)! \equiv -1 \pmod p$.

Beweis: Für $p = 2$ ist die Behauptung klar. Es sei also $p > 2$. Wir haben gesehen: Ist a eine zu p teilerfremde ganze Zahl, so gibt es zu jeder ganzen Zahl x der Folge $1,2,3,\dots,p-1$ eine eindeutig bestimmte assoziierte Zahl x' derart, dass $xx' \equiv a \pmod p$ und $1 \leq x' \leq p-1$.

Sei jetzt a ein quadratischer Rest modulo p. Dann gibt es eine ganze Zahl x_1, $1 \leq x_1 \leq p-1$, welche zu sich selbst assoziiert ist: $x_1^2 \equiv a \pmod p$. Dann ist auch $(p-x_1)^2 \equiv a \pmod p$, d.h. $p-x_1$ ist auch zu sich selbst assoziiert. Nach Satz II.7, über die Anzahl Lösungen einer Kongruenz, gibt es keine weiteren Lösungen von $x^2 \equiv a \pmod p$.

Unter den Zahlen $1,2,\dots,p-1$ gibt es also $\frac{1}{2}(p-3)$ Paare assoziierter Zahlen und die beiden Zahlen x_1 und $p-x_1$. Das Produkt der beiden Zahlen eines Paares assoziierter Zahlen ist kongruent $a \pmod p$. Daher ist

$$(p-1)! \equiv x_1(p-x_1)a^{\frac{1}{2}(p-3)} \pmod p .$$

Aber

$$x_1(p-x_1) \equiv -x_1^2 \equiv -a \pmod p ,$$

folglich

$$(p-1)! \equiv -a^{\frac{1}{2}(p-1)} \pmod p ,$$

und nach dem Satz von Fermat ergibt sich daraus die Behauptung:

$$(p-1)! \equiv -1 \pmod p .$$

Das Eulersche Kriterium

Es sei a ein quadratischer Rest modulo p; dann ist $x^2 \equiv a \pmod p$ lösbar, und die Lösung x ist zu p teilerfremd, da $p \nmid a$. Wenn wir diese Kongruenz mit $\frac{1}{2}(p-1)$ potenzieren ($\frac{1}{2}(p-1)$ ist eine ganze Zahl, da p ungerade), erhalten wir

$$x^{p-1} \equiv a^{\frac{1}{2}(p-1)} \pmod p .$$

Nach dem Fermatschen Satz ist aber $x^{p-1} \equiv 1 \pmod p$, also gilt $a^{\frac{1}{2}(p-1)} \equiv 1 \pmod p$, falls aRp. Diese notwendige Bedingung ist auch hinreichend; denn einerseits besitzt die Kongruenz

$$x^{\frac{1}{2}(p-1)} \equiv 1 \pmod p \tag{5}$$

höchstens $\frac{1}{2}(p-1)$ Lösungen, andererseits wissen wir, dass es genau $\frac{1}{2}(p-1)$ quadratische Reste modulo p gibt. Folglich hat (5) genau $\frac{1}{2}(p-1)$ Lösungen, welche alle quadratische Reste (mod p) sind. Die obige Bedingung ist also auch hinreichend und es gilt somit:

Satz 2 (Eulersches Kriterium): Für eine ungerade Primzahl p und eine beliebige ganze Zahl a ist $a^{\frac{1}{2}(p-1)} \equiv 1 \pmod p$ genau dann, wenn aRp.

Wir betrachten nun den Fermatschen Satz in der Form

$$\left(x^{\frac{1}{2}(p-1)} - 1\right)\left(x^{\frac{1}{2}(p-1)} + 1\right) \equiv 0 \pmod p$$

(p eine ungerade Primzahl). Wir sehen, dass ein quadratischer Nichtrest modulo p, der nach Satz 2 $x^{\frac{1}{2}(p-1)} \equiv 1 \pmod p$ nicht befriedigt, die Kongruenz $x^{\frac{1}{2}(p-1)} \equiv -1 \pmod p$ befriedigen muss.

Diese Bemerkung, zusammen mit der Definition des Legendreschen Symbols, liefert

Satz 3: $$m^{\frac{1}{2}(p-1)} \equiv \left(\frac{m}{p}\right) \pmod p .$$

Korollare:

(1) Aus Satz 3 folgt, dass

$$\left(\frac{m}{p}\right)\left(\frac{n}{p}\right) = \left(\frac{mn}{p}\right) .$$

In Worten: Das Produkt zweier quadratischer Reste oder Nichtreste (mod p) ist wieder ein quadratischer Rest (mod p), aber das Produkt eines quadratischen Restes (mod p) mit einem quadratischen Nichtrest (mod p) ist ein quadratischer Nichtrest (mod p).

(2) Aus $m_1 \equiv m_2 \pmod p$ folgt $\left(\frac{m_1}{p}\right) = \left(\frac{m_2}{p}\right)$.

Summen zweier Quadrate

Sei p eine beliebige ungerade Primzahl; wir setzen in Satz 3 $m = p-1$. Weil $p-1 \equiv -1 \pmod p$ ist, erhalten wir

$$\left(\frac{-1}{p}\right) \equiv (-1)^{\frac{1}{2}(p-1)} \pmod p .$$

Aus dieser Beziehung folgt: Für alle Primzahlen p mit $p \equiv 1 \pmod 4$ (bzw. $p \equiv 3 \pmod 4$) ist -1 quadratischer Rest modulo p (bzw. quadratischer Nichtrest modulo p), denn für solche p ist $\frac{1}{2}(p-1)$ gerade (bzw. ungerade).

Aus dieser Feststellung lässt sich der folgende Satz ableiten:

Satz 4 (Fermat): Jede Primzahl der Gestalt $4k+1$ ist als Summe zweier Quadrate darstellbar.

Beweis: Es ist -1 ein quadratischer Rest modulo p, denn $p \equiv 1 \pmod 4$. Das heisst, es gibt eine Lösung der Kongruenz $x^2 \equiv -1 \pmod p$, also $p \mid A^2+1$ für eine gewisse ganze Zahl A. Mit Hilfe von Satz III.5 folgt daraus, dass p sich als Summe zweier Quadrate darstellen lässt.

Die Aussage, dass es zu jeder Primzahl p der Gestalt $4k+1$ eine ganze Zahl A mit $p \mid A^2+1$ gibt, lässt sich wie folgt verschärfen:

Satz 5: Zu jeder Primzahl $p \equiv 1 \pmod 4$ gibt es eine ganze Zahl x derart, dass

$$x^2 + 1 = mp \quad , \quad \text{wobei} \quad 0 < m < p \; .$$

Beweis: Die Zahl -1 ist quadratischer Rest modulo p. Es gibt also eine ganze Zahl x der Folge $1,2,3,\ldots,\left(\frac{p-1}{2}\right)$, welche die Kongruenz $x^2 \equiv -1 \pmod p$ erfüllt, das heisst: $x^2+1 = mp$ für eine gewisse ganze Zahl m. Aber $x < \frac{p}{2}$, somit $x^2+1 < \left(\frac{p}{2}\right)^2 + 1 < p^2$, also

$$x^2+1 = mp \; , \quad \text{mit} \quad 0 < m < p \; .$$

Der folgende Satz und Satz 5 sind ähnlich:

Satz 6: Ist p eine ungerade Primzahl, so gibt es ganze Zahlen x und y derart, dass

$$1 + x^2 + y^2 = mp \; , \quad \text{wobei} \quad 0 < m < p \; .$$

Beweis: Die $\frac{1}{2}(p+1)$ Zahlen

$$\{x^2 : 0 \leq x \leq \tfrac{1}{2}(p-1)\}$$

sind paarweise inkongruent $\pmod p$, ebenso die $\frac{1}{2}(p+1)$ Zahlen

$$\{-1-y^2 : \; 0 \leq y \leq \tfrac{1}{2}(p-1)\} \; .$$

Diese beiden Mengen enthalten zusammen $p+1$ Zahlen. Weil es genau p Restklassen $\pmod p$ gibt, existiert in der ersten Menge eine Zahl welche zu einer gewissen Zahl der zweiten Menge kongruent $\pmod p$ ist, d.h.

$$x^2 \equiv -1-y^2 \pmod p ,$$

oder

$$1+x^2+y^2 = mp \; .$$

Aber aus $0 \leq x, \; y \leq \frac{1}{2}(p-1)$ folgt $1+x^2+y^2 < 1+2\left(\frac{p}{2}\right)^2 < p^2$ und somit

$$1+x^2+y^2 = mp \quad \text{mit} \quad 0 < m < p .$$

Wir haben bewiesen, dass alle Primzahlen $p \equiv 1 \pmod 4$ als Summe zweier Quadrate darstellbar sind. Andere ganze Zahlen besitzen ebenfalls diese Eigenschaft; z.B. ist $10 = 1^2+3^2$. Der folgende Satz gibt eine notwendige und hinreichende Bedingung dafür an, dass sich eine positive ganze Zahl als Summe zweier Quadrate darstellen lässt.

Satz 7: Die positive ganze Zahl n ist genau dann eine Summe von zwei Quadraten, wenn in der kanonischen Zerlegung von n alle Primzahlen der Gestalt $4k+3$ mit geradem Exponent vorkommen.

Zunächst beweisen wir zwei Hilfssätze. Wir nennen eine Darstellung $n = x^2+y^2$ primitiv, falls $(x,y) = 1$.

Erster Hilfssatz: Ist n durch eine Primzahl $p \equiv 3 \pmod 4$ teilbar, so besitzt n keine primitive Darstellung.

Beweis: Ist die Darstellung $n = x^2+y^2$ primitiv, so gilt $p \nmid x$ und $p \nmid y$. Weil $(p,x) = 1$, ist die Gleichung $mx - tp = c$ für alle c in ganzen Zahlen m, t lösbar, insbesondere für $c = y$. Es gibt also eine ganze Zahl m mit der Eigenschaft:

$$mx \equiv y \pmod p ;$$

folglich ist

$$x^2+(mx)^2 \equiv x^2+y^2 \equiv 0 \pmod p \quad ,$$

also gilt $p \mid x^2(m^2+1)$, und damit $p \mid m^2+1$, denn es ist $p \nmid x$. Das heisst aber $m^2 \equiv -1 \pmod p$. Mit anderen Worten: -1 ist quadratischer Rest modulo einer Primzahl p der Gestalt $4k+3$. Dies ist aber, wie wir früher gesehen haben, unmöglich, womit unser erster Hilfssatz bewiesen ist.

Zweiter Hilfssatz: Ist $p \equiv 3 \pmod 4$ und c eine ungerade ganze Zahl, und gilt $p^c \mid n$ aber $p^{c+1} \nmid n$, so lässt sich n nicht als Summe zweier Quadrate darstellen.

Beweis: Man nehme an, es sei $n = x^2+y^2$, mit $(x,y) = d$. Dann gilt $x = dX$, $y = dY$ mit $(X,Y) = 1$, und $n = d^2(X^2+Y^2) = d^2N$.

Sei p^r die höchste Potenz von p, welche d teilt. Dann ist p^{c-2r} die höchste Potenz von p, welche N teilt. Ferner ist $c-2r > 0$, denn c ist ungerade. Somit haben wir eine ganze Zahl N mit $N = X^2+Y^2$, $(X,Y) = 1$ und $p \mid N$, wobei $p \equiv 3 \pmod 4$. Dies widerspricht dem ersten Hilfssatz; der zweite ist somit bewiesen.

Beweis von Satz 7:

(1) Die Bedingung ist notwendig: Sei n als Summe zweier Quadrate darstellbar, und sei p eine Primzahl der Gestalt $4k+3$ mit $p \mid n$. Aus dem zweiten Hilfssatz folgt, dass p in der kanonischen Zerlegung von n mit geradem Exponent erscheint.

(2) Die Bedingung ist auch hinreichend: Sei n eine positive ganze Zahl in deren Primzahlzerlegung die Primzahlen der Gestalt $4k+3$ nur mit geraden Exponenten auftreten; n lässt sich in der Form $n = n_1^2 n_2$ schreiben, wobei n_2 keine Primteiler der Gestalt $4k+3$ besitzt. Die Primteiler von n_2 sind also entweder 2 oder ungerade Primzahlen der Gestalt $4k+1$. Weil jede solche Primzahl als Summe zweier Quadrate darstellbar ist, zeigt die Identität:

$$(x_1^2+y_1^2)(x_2^2+y_2^2) = (x_1x_2+y_1y_2)^2+(x_1y_2-x_2y_1)^2 ,$$

dass auch ihr Produkt n_2 als Summe von zwei Quadraten dargestellt werden kann: $n_2 = a^2+b^2$. Dann ist aber: $n = (n_1a)^2+(n_1b)^2$.

Summen von vier Quadraten

Wir schliessen dieses Kapitel mit einem der berühmtesten und schönsten Ergebnisse der Zahlentheorie.

Satz 8 (Lagrange): Jede positive ganze Zahl n ist eine Summe von vier Quadraten.

Beweis: Es ist $1 = 1^2+0^2+0^2+0^2$. Im folgenden sei $n > 1$. Die Identität

$$(x_1^2 + x_2^2 + x_3^2 + x_4^2)(y_1^2 + y_2^2 + y_3^2 + y_4^2) = z_1^2 + z_2^2 + z_3^2 + z_4^2 , \qquad (6)$$

wobei

$$z_1 = x_1y_1 + x_2y_2 + x_3y_3 + x_4y_4 ,$$
$$z_2 = x_1y_2 - x_2y_1 + x_3y_4 - x_4y_3 ,$$
$$z_3 = x_1y_3 - x_3y_1 + x_4y_2 - x_2y_4 ,$$
$$z_4 = x_1y_4 - x_4y_1 + x_2y_3 - x_3y_2 ,$$

zeigt, dass ein Produkt darstellbarer Zahlen selbst wieder darstellbar ist. Jede ganze Zahl $n > 1$ ist Produkt von Primzahlen. Weil $2 = 1^2+1^2+0^2+0^2$ ist, genügt es noch zu zeigen, dass jede ungerade Primzahl als Summe von vier Quadraten darstellbar ist.

Aus Satz 6 folgt: Zu jeder ungeraden Primzahl p gibt es eine Zahl m derart, dass

$$mp = x_1^2 + x_2^2 + x_3^2 + x_4^2 ; \quad x_1, x_2, x_3, x_4 \text{ nicht alle durch } p \text{ teilbar.} \qquad (7)$$

Sei m_o für eine feste Primzahl p die kleinste positive ganze Zahl mit der Eigenschaft (7). Nach Satz 6 ist $m_o < p$; behauptet wird $m_o = 1$. Zuerst zeigen wir, dass m_o ungerade sein muss. Wäre m_o gerade, so müssten x_1, x_2, x_3, x_4 entweder alle gerade, oder alle ungerade sein, oder zwei (z.B. x_1 und x_2) wären gerade und zwei (z.B. x_3 und x_4) ungerade. Dann wäre aber

$$\frac{1}{2} m_o p = \left(\frac{x_1+x_2}{2}\right)^2 + \left(\frac{x_1-x_2}{2}\right)^2 + \left(\frac{x_3+x_4}{2}\right)^2 + \left(\frac{x_3-x_4}{2}\right)^2$$

eine Summe von vier Quadraten, welche nicht alle durch p teilbar sind. Dies würde der Minimaleigenschaft von m_o widersprechen.

Folglich ist m_o ungerade, also $m_o \geq 3$, und man kann

$$x_i = b_i m_o + y_i \qquad (i = 1,2,3,4) \qquad (8)$$

setzen. Dabei ist die ganze Zahl b_i immer so wählbar, dass $|y_i| < \frac{1}{2} m_o$; denn falls $y_i > \frac{1}{2} m_o$, so kann $x_i = (b_i+1)m_o + (y_i-m_o)$ geschrieben werden, und es ist dann $-\frac{1}{2} m_o < y_i-m_o < 0$.

Nun sind x_1, x_2, x_3, x_4 nicht alle durch m_o teilbar, denn daraus würde $m_o | p$ folgen, was wegen $1 < m_o < p$ unmöglich ist. Folglich ist

$$y_1^2 + y_2^2 + y_3^2 + y_4^2 > 0 .$$

Wir haben somit

$$0 < y_1^2 + y_2^2 + y_3^2 + y_4^2 < 4\left(\frac{1}{2} m_o\right)^2 = m_o^2 .$$

Mit (8) bestätigt man aber leich, dass $y_1^2 + y_2^2 + y_3^2 + y_4^2 \equiv 0 \pmod{m_o}$. Wir haben jetzt ganze Zahlen x_i, y_i $(i = 1,2,3,4)$ derart, dass

$$x_1^2 + x_2^2 + x_3^2 + x_4^2 = m_o p \quad \text{mit} \quad m_o < p ,$$

und

$$y_1^2 + y_2^2 + y_3^2 + y_4^2 = m_1 m_o \quad \text{mit} \quad 0 < m_1 < m_o .$$

Mit Hilfe der Identität (6), gewinnt man daraus vier ganze Zahlen z_1, z_2, z_3, z_4 mit

$$z_1^2 + z_2^2 + z_3^2 + z_4^2 = m_o^2 \, m_1 \, p . \tag{9}$$

Es ist aber:

$$z_1 = \sum_{i=1}^{4} x_i y_i = \sum_{i=1}^{4} x_i (x_i - b_i m_o) \equiv \sum_{i=1}^{4} x_i^2 \equiv 0 \pmod{m_o} ;$$

analog gilt $z_2 \equiv z_3 \equiv z_4 \equiv 0 \pmod{m_o}$ und somit ist $z_i = m_o t_i$, t_i ganz $(i = 1,2,3,4)$. In (9) eingesetzt ergibt dies

$$m_1 p = t_1^2 + t_2^2 + t_3^2 + t_4^2 ,$$

mit $0 < m_1 < m_o$, im Widerspruch zur Minimaleigenschaft von m_o.

Folglich muss $m_o = 1$ sein, und Satz 8 ist bewiesen.

KAPITEL V. - DAS QUADRATISCHE REZIPROZITAETSGESETZ

Es seien p und q verschiedene ungerade Primzahlen. Dann sind die Legendreschen Symbole $\left(\frac{p}{q}\right)$ und $\left(\frac{q}{p}\right)$ erklärt. Kann man $\left(\frac{q}{p}\right)$ bestimmen, falls der Wert von $\left(\frac{p}{q}\right)$ bekannt ist? Das quadratische Reziprozitätsgesetz von Gauss zeigt, dass dies möglich ist:

Satz 1 (Gauss): Sind p und q verschiedene ungerade Primzahlen, so gilt

$$\left(\frac{p}{q}\right)\left(\frac{q}{p}\right) = (-1)^{\frac{p-1}{2} \cdot \frac{q-1}{2}} .$$

Da $\frac{p-1}{2} \cdot \frac{q-1}{2}$ für $p \equiv q \equiv 3 \pmod 4$ ungerade und sonst gerade ist, lässt sich Satz 1 auch wie folgt ausdrücken:

$$\left(\frac{p}{q}\right) = -\left(\frac{q}{p}\right) \quad \text{falls} \quad p \equiv q \equiv 3 \pmod 4, \text{ und } \left(\frac{p}{q}\right) = \left(\frac{q}{p}\right) \quad \text{sonst.}$$

Wir werden das quadratische Reziprozitätsgesetz aus einem Reziprozitätsgesetz für gewisse Exponentialsummen, die man Gauss'sche Summen nennt, herleiten.

Gauss'sche Summen

Definition: Folgende Funktion $g(m,n)$ der beiden ganzen Zahlen $m \neq 0$, $n \neq 0$ heisst Gauss'sche Summe:

$$g(m,n) = \sum_{k=1}^{|n|} e^{\pi i \frac{m}{n} k^2 + \pi i m k} . \tag{1}$$

Satz 1 lässt sich aus der folgenden Reziprozitätsformel für $g(m,n)$ ableiten:

$$\frac{1}{\sqrt{|n|}}\, g(m,n) = e^{\frac{\pi i}{4}(1-|mn|)\operatorname{sgn}(mn)} \frac{1}{\sqrt{|m|}}\, g(-n,m) . \tag{2}$$

Wir werden diese Formel durch komplexe Integration beweisen.

Es sei u eine komplexe Variable, X eine beliebige komplexe Zahl und τ eine komplexe Zahl mit positivem Realteil. Ferner sei

C die Gerade mit der Neigung $\frac{\pi}{4}$, welche die reelle Achse im Punkt $\frac{1}{2}$ schneidet. Wir setzen

$$\varphi(u) = \varphi(u,X) = \varphi(u,X,\tau) = \frac{e^{\pi i\tau u^2+2\pi iXu}}{e^{2\pi iu}-1} , \tag{3}$$

und

$$f(X) = f(X,\tau) = \int_C \varphi(u)\,du = \int_C \frac{e^{\pi i\tau u^2+2\pi iXu}}{e^{2\pi iu}-1}\,du . \tag{4}$$

Zuerst müssen wir beweisen, dass das Integral $\int_C \varphi(u)\,du$ konvergiert. Zu diesem Zweck werden wir zeigen, dass längs C (oder längs einer Parallelen zu C, welche die Singularitäten $u = 0, \pm 1, \pm 2, \ldots$ von φ meidet), eine Ungleichung der Gestalt

$$|\varphi(u)| \leqslant Ae^{-\pi \mathrm{Re}(\tau) r^2+B|r|}$$

gilt, wobei die reelle Zahl r mit u ins Unendliche strebt; der Koeffizient von r^2 ist positiv, denn wir haben $\mathrm{Re}(\tau) > 0$ angenommen.

Wir setzen $u = c+re^{\frac{\pi i}{4}}$, wobei c und r reelle Zahlen sind, und $\tau = \mathrm{Re}(\tau)+i\mathrm{Im}(\tau)$. Zunächst schätzen wir den Zähler von φ ab, indem wir die Ungleichung

$$|e^{\pi i\tau u^2+2\pi iXu}| \leqslant e^{-\pi r^2\mathrm{Re}(\tau)+\pi|\tau|(c^2+2|cr|)+2\pi|X|(|c|+|r|)} \tag{5}$$

beweisen.

Denn

$$|e^{\pi i\tau u^2}| = e^{\mathrm{Re}(\pi i\tau u^2)} ,$$

und

$$\mathrm{Re}(\pi i\tau u^2) = -\pi[\mathrm{Re}(\tau)\mathrm{Im}(u^2)+\mathrm{Re}(u^2)\mathrm{Im}(\tau)] .$$

Aus $u = c+re^{\frac{\pi i}{4}}$ folgt $u^2 = c^2 + r^2e^{\frac{\pi i}{2}} + 2cre^{\frac{\pi i}{4}}$, oder

$$u^2 = (c^2+\sqrt{2}\,cr) + i(r^2+\sqrt{2}\,cr) .$$

Daher ist

$$\operatorname{Re}(\tau)\operatorname{Im}(u^2) = \operatorname{Re}(\tau)(r^2+\sqrt{2}\,cr) \;,$$

$$\operatorname{Re}(u^2)\operatorname{Im}(\tau) = \operatorname{Im}(\tau)(c^2+\sqrt{2}\,cr) \;,$$

und somit

$$\operatorname{Re}(\pi i\tau u^2) \leq -\pi r^2\operatorname{Re}(\tau) + \pi\left|\sqrt{2}\,cr(\operatorname{Re}(\tau) + \operatorname{Im}(\tau))\right| + \pi c^2\left|\operatorname{Im}(\tau)\right| .$$

Es gilt aber

$$|\operatorname{Re}(\tau) + \operatorname{Im}(\tau)| \leq |\operatorname{Re}(\tau)| + |\operatorname{Im}(\tau)| \leq \sqrt{2}|\tau| \;,$$

und

$$|\operatorname{Im}(\tau)| < |\tau| \;;$$

folglich ist

$$\left|e^{\pi i\tau u^2}\right| \leq e^{-\pi r^2\operatorname{Re}(\tau)+\pi|\tau|(c^2+2|cr|)} . \tag{6}$$

Ferner haben wir

$$\left|e^{2\pi iXu}\right| = e^{\operatorname{Re}(2\pi iXu)} \leq e^{|2\pi iXu|} \;,$$

das heisst

$$\left|e^{2\pi iXu}\right| \leq e^{2\pi|X|\cdot|u|} .$$

Nun gilt $|u| = \left|c+re^{\frac{\pi i}{4}}\right| \leq |c|+|r|$, also ist

$$\left|e^{2\pi iXu}\right| \leq e^{2\pi|X|(|c|+|r|)} . \tag{7}$$

Durch Multiplikation von (6) mit (7) erhalten wir die gewünschte Ungleichung (5).

Für den Nenner von φ haben wir

$$\left|e^{2\pi iu}-1\right| \geq \left|1-\left|e^{2\pi iu}\right|\right| = \left|1-e^{-\sqrt{2}\pi r}\right| \;,$$

und daraus darf man

$$\left|e^{2\pi iu}-1\right| \geq \delta > 0$$

schliessen, weil C durch keine der Nullstellen von $e^{2\pi iu}-1$ geht.

Wir haben also eine Abschätzung der Gestalt

$$|\varphi(u)| \leqslant Ae^{-\pi \mathrm{Re}(\tau)r^2+B|r|}, \tag{8}$$

und damit ist die Konvergenz des Integrals $\int_C \varphi(u)\,du$ gesichert.

Jetzt zeigen wir, wie man $g(m,n)$ als Wert von $\int_\gamma \varphi(u)\,du$ für eine geeignete geschlossene Kurve γ erhalten kann.

Für γ wählen wir das Parallelogramm, das von C, der zu C parallelen Geraden C_n, welche die reelle Achse im Punkte $n+\frac{1}{2}$ schneidet, und zwei Parallelen L_1 und L_2 zur reellen Achse gebildet wird (Figur 5). Wird γ im positiven Sinne durchlaufen, so ist nach dem Cauchyschen Integralsatz das Integral

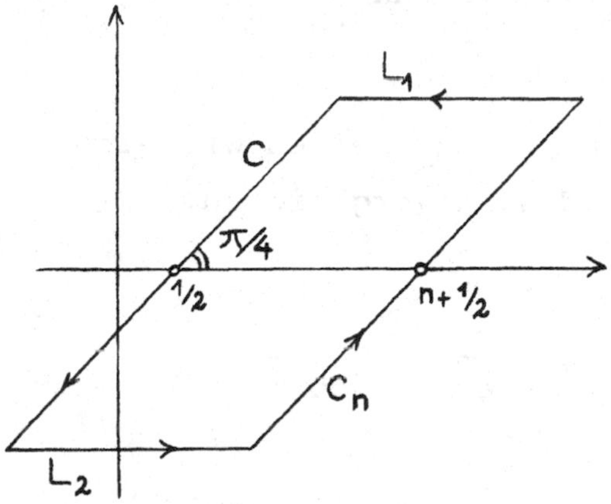

(Figur 5)

$$\frac{1}{2\pi i}\int_\gamma \varphi(u)\,du$$

gleich der Summe der Residuen der innerhalb γ liegenden Singularitäten von φ. Diese Singularitäten sind einfache Pole in $u = 1,2,\ldots,n$, also ist die Summe der Residuen gleich

$$\frac{1}{2\pi i}\sum_{k=1}^{n} e^{\pi i\tau k^2+2\pi iXk} ;$$

setzt man $\tau = \frac{m}{n}$ und $X = \frac{m}{2}$ mit $m > 0$ und $n > 0$, so ist dieser Ausdruck gleich $\frac{1}{2\pi i}\,g(m,n)$.

Die Abschätzung (8) zeigt, dass die Integrale längs L_1 und L_2 beide gegen Null streben, wenn L_1 und L_2 sich von der reellen Achse weg ins Unendliche entfernen; es bleibt also

$$\int_{C_n}\varphi(u)\,du - \int_{C}\varphi(u)\,du = \sum_{k=1}^{n} e^{\pi i\tau k^2+2\pi iXk} .$$

Mit (3) bestätigt man leicht, dass

$$\varphi(u+n,X) = e^{\pi i\tau n^2+2\pi iXn}\varphi(u,X+\tau n)$$

gilt; folglich ist

$$\int_{C_n}\varphi(u)\,du = e^{\pi i\tau n^2+2\pi iXn}f(X+\tau n) ,$$

wobei f durch (4) definiert wird.

Somit haben wir, da

$$e^{\pi i\tau n^2+2\pi iXn}f(X+\tau n) - f(X) = \sum_{k=1}^{n} e^{\pi i\tau k^2+2\pi iXk} , \tag{9}$$

eine Beziehung zwischen $f(X)$ und $f(X+\tau n)$. Jetzt leiten wir eine ähnliche Beziehung ab, um nachher die beiden zu vergleichen. Dazu benützen wir die Identität

$$f(X+1)-f(X) = \int_{C} \frac{e^{\pi i\tau u^2}}{e^{2\pi iu}-1}\left\{e^{2\pi i(X+1)u} - e^{2\pi iXu}\right\}du$$

$$= \int_{C} e^{\pi i\tau u^2+2\pi iXu}du = e^{-\pi i\frac{X^2}{\tau}}\int_{C} e^{\pi i\tau u\left(u+\frac{X}{\tau}\right)^2}du .$$

Bezeichnet C' die um $\frac{X}{\tau}$ verschobene, zu C parallele Gerade, so ist

$$f(X+1)-f(X) = e^{-\pi i\frac{X^2}{\tau}}\int_{C'} e^{\pi i\tau u^2}du ;$$

dass dieses Integral konvergiert, zeigt unsere frühere Ungleichung (8). Wenn wir nochmals längs eines Parallelogramms integrieren, so ergibt sich

$$\int_{C'} e^{\pi i \tau u^2} du = \int_{C_o} e^{\pi i \tau u^2} du ,$$

wobei C_o die zu C' parallele Gerade durch den Koordinatenursprung bezeichnet. Längs C_o ist aber $u = te^{\frac{\pi i}{4}}$, mit t reell; folglich ist

$$\int_{C_o} e^{\pi i \tau u^2} du = e^{\frac{\pi i}{4}} \int_{-\infty}^{+\infty} e^{-\pi \tau t^2} dt = e^{\frac{\pi i}{4}} I_\tau .$$

Schliesslich haben wir

$$f(X+1)-f(X) = e^{\pi i\left(\frac{1}{4} - \frac{X^2}{\tau}\right)} I_\tau .$$

Durch m-malige Iteration folgt daraus

$$f(X+m)-f(X) = I_\tau \sum_{\nu=0}^{m-1} e^{\pi i\left(\frac{1}{4} - \frac{(X+\nu)^2}{\tau}\right)} .$$

Wir ersetzen jetzt X durch $X+\tau n-m$ und erhalten damit unsere zweite Relation,

$$f(X+\tau n) - f(X+\tau n-m) = I_\tau \sum_{\nu=0}^{m-1} e^{\pi i\left[\frac{1}{4} - \frac{(X+\tau n-m+\nu)^2}{\tau}\right]} . \tag{10}$$

Vergleichen wir (9) mit (10), so gelangen wir zu

$$e^{\pi i \tau n^2+2\pi i X n} f(X+\tau n-m)-f(X) = \sum_{k=1}^{n} e^{\pi i \tau k^2+2\pi i X k}$$

$$- I_\tau e^{\pi i \tau n^2+2\pi i X n} \sum_{\nu=1}^{m} e^{\pi i\left[\frac{1}{4} - \frac{(X+\tau n-\nu)^2}{\tau}\right]}$$

$$= \sum_{k=1}^{n} e^{\pi i \tau k^2+2\pi i X k} - I_\tau \sum_{\nu=1}^{m} e^{\pi i\left[\frac{1}{4} - \frac{(X-\nu)^2}{\tau}\right]} . \tag{11}$$

Jetzt setzen wir $X = \frac{m}{2}$ und $\tau = \frac{m}{n}$ (mit $m > 0$ und $n > 0$), und erhalten

$$\sum_{k=1}^{n} e^{\pi i k^2 \frac{m}{n} + \pi i m k} = I_{\frac{m}{n}}\, e^{\frac{\pi i}{4}(1-mn)} \sum_{\nu=1}^{m} e^{\pi i \nu n - \nu^2 \pi i \frac{n}{m}} .$$

Für $m = n = 1$ folgt daraus $I_1 = 1$, das heisst

$$\int_{-\infty}^{+\infty} e^{-\pi t^2}\, dt = 1 .$$

Die Substitution $t \rightarrow t\sqrt{\tau}$ (τ reell und positiv) liefert

$$I_\tau = \int_{-\infty}^{+\infty} e^{-\pi\tau t^2}\, dt = \frac{1}{\sqrt{\tau}} \tag{12}$$

für reelles, positives τ. Durch analytische Fortsetzung bleibt dies richtig für τ komplex mit $\mathrm{Re}(\tau) > 0$, denn $\frac{1}{\sqrt{\tau}}$ ist analytisch für $\mathrm{Re}(\tau) > 0$, und I_τ ist eine analytische Funktion von τ.

Nachdem wir I_τ berechnet haben ersetzen wir $I_\tau = \frac{1}{\sqrt{\tau}}$ in (11):

$$e^{\pi i \tau n^2 + 2\pi i X n} f(X+\tau n-m) - f(X) = \sum_{k=1}^{n} e^{\pi i \tau k^2 + 2\pi i X k} - \frac{1}{\sqrt{\tau}}\, e^{\frac{\pi i}{4}} \sum_{\nu=1}^{m} e^{-\frac{\pi i (X-\nu)^2}{\tau}} .$$

Nun setzen wir nochmals $X = \frac{m}{2}$, $\tau = \frac{m}{n}$, mit $m > 0$ und $n > 0$; es ergibt sich

$$\frac{1}{\sqrt{n}} \sum_{k=1}^{n} e^{\pi i k^2 \frac{m}{n} + \pi i m k} = \frac{1}{\sqrt{m}}\, e^{\frac{\pi i}{4}(1-mn)} \sum_{\nu=1}^{m} e^{-\pi i \frac{n}{m} \nu^2 + \pi i \nu n}$$

$$= \frac{1}{\sqrt{m}}\, e^{\frac{\pi i}{4}(1-mn)} \sum_{\nu=1}^{m} e^{-\pi i \frac{n}{m} \nu^2 - \pi i \nu n} ,$$

oder nach Definition (1) ,

$$\frac{1}{\sqrt{n}}\, g(m,n) = e^{\frac{\pi i}{4}(1-mn)} \frac{1}{\sqrt{m}}\, g(-n,m) \; ; \qquad (13)$$

somit haben wir die Reziprozitätsformel (2) im Falle $m > 0$, $n > 0$ bewiesen.

Ist $m > 0$ und $n < 0$, so darf man (13) mit m und $-n$ anwenden:

$$\frac{1}{\sqrt{m}}\, g(-n,m) = e^{\frac{\pi i}{4}(1+mn)} \frac{1}{\sqrt{-n}}\, g(-m,-n) \, ,$$

oder

$$\frac{1}{\sqrt{|n|}}\, g(-m,-n) = e^{-\frac{\pi i}{4}(1-|mn|)} \frac{1}{\sqrt{m}}\, g(-n,m) \; ;$$

aber nach Definition ist $g(-m,-n) = g(m,n)$, also ist

$$\frac{1}{\sqrt{|n|}}\, g(m,n) = e^{\frac{\pi i}{4}(1-|mn|)\,\mathrm{sgn}(mn)} \frac{1}{\sqrt{m}}\, g(-n,m) \, .$$

Die Reziprozitätsformel (2) bleibt auch für $m < 0$, $n < 0$ gültig, denn $g(-m,-n) = g(m,n)$, $g(n,-m) = g(-n,m)$, und $(1-|mn|)\,\mathrm{sgn}(mn)$ bleibt unverändert, falls man m und n durch $-m$ bzw. $-n$ ersetzt.

Damit haben wir das Reziprozitätsgesetz für Gauss'sche Summen bewiesen. Es ist interessant, dass dieser Beweis das Ergebnis $\int_{-\infty}^{+\infty} e^{-\pi t^2} dt = 1$ nicht voraussetzt.

Beweis des quadratischen Reziprozitätsgesetzes

Das quadratische Reziprozitätsgesetz lässt sich auf elegante Weise aus dem Reziprozitätsgesetz für Gauss'sche Summen ableiten.

Es gilt immer $k^2 \equiv k \pmod 2$; folglich darf man k durch k^2 in der Definition (1) von $g(m,n)$ ersetzen: wir erhalten

$$g(m,n) = \sum_{k=1}^{|n|} e^{\pi i k^2 \frac{m}{n}(n+1)} .$$

<u>Es sei jetzt n eine ungerade Primzahl, und m eine zu n teilerfremde ganze Zahl.</u> Wir schreiben

$$g(m,n) = 1 + \sum_{k=1}^{n-1} e^{\pi i k^2 \frac{m}{n}(n+1)} .$$

Man überzeugt sich leicht, dass aus $k^2 \equiv \varrho \pmod n$

$$e^{\pi i k^2 \frac{m}{n}(n+1)} = e^{\pi i \varrho \frac{m}{n}(n+1)}$$

folgt. Ist aber $k^2 \equiv \varrho \pmod n$ und $1 \leqslant k \leqslant n-1$, so ist ϱ ein quadratischer Rest modulo n. Durchläuft k die Zahlen $1,2,\ldots,n-1$, so durchläuft k^2 (modulo n genommen) <u>zweimal</u> die Menge der quadratischen Reste modulo n. Folglich dürfen wir auch

$$g(m,n) = 1 + 2\sum_{\varrho} e^{\pi i \varrho \frac{m}{n}(n+1)} \tag{14}$$

schreiben, wobei ϱ die Menge der quadratischen Reste der ungeraden Primzahl n durchläuft.

Jetzt betrachten wir die Summe

$$\sum_{\nu} e^{\pi i \nu \frac{m}{n}(n+1)} ,$$

wobei ν alle quadratischen Nichtreste (mod n) durchläuft; es gilt offenbar

$$1 + \sum_{\varrho} e^{\pi i \varrho \frac{m}{n}(n+1)} + \sum_{\nu} e^{\pi i \nu \frac{m}{n}(n+1)} = \sum_{k=0}^{n-1} e^{\pi i k \frac{m}{n}(n+1)} .$$

Aber (n+1) ist gerade und folglich ist $e^{\pi i k \frac{m}{n}(n+1)}$ die k-te Potenz einer gewissen n-ten Einheitswurzel η. Ferner ist $\eta \neq 1$ wegen $n \nmid m$. Somit ist

$$1 + \sum_{\varrho} e^{\pi i \varrho \frac{m}{n}(n+1)} + \sum_{\nu} e^{\pi i \nu \frac{m}{n}(n+1)} = 1 + \sum_{\varrho} \eta^{\varrho} + \sum_{\nu} \eta^{\nu}$$

$$= \sum_{s=0}^{n-1} \eta^{s}$$

$$= \frac{1 - \eta^{n}}{1 - \eta} = 0. \qquad (15)$$

Aus (14) und (15) erhalten wir

$$g(m,n) = \sum_{\varrho} e^{\pi i \varrho \frac{m}{n}(n+1)} - \sum_{\nu} e^{\pi i \nu \frac{m}{n}(n+1)} \qquad (16)$$

Wir betrachten jetzt die zwei möglichen Fälle $\left(\frac{m}{n}\right) = 1$ oder $\left(\frac{m}{n}\right) = -1$, und trennen die beiden Fälle:

(a) Sei m quadratischer Rest (mod n). Durchläuft ϱ (bzw. ν) die quadratischen Reste (bzw. Nichtreste) modulo n, so durchläuft, nach dem ersten Korollar zu Satz IV.3, ϱm (bzw. νm) ebenfalls alle quadratischen Reste (bzw. Nichtreste) modulo n. Also folgt aus (16)

$$g(m,n) = \sum_{\varrho} e^{\pi i \varrho \left(\frac{n+1}{n}\right)} - \sum_{\nu} e^{\pi i \nu \left(\frac{n+1}{n}\right)}$$

$$= g(1,n) = \left(\frac{m}{n}\right) g(1,n)$$

(b) Ist hingegen m quadratischer Nichtrest (mod n), so hat man analog

$$g(m,n) = \sum_{\nu} e^{\pi i \nu \left(\frac{n+1}{n}\right)} - \sum_{\varrho} e^{\pi i \varrho \left(\frac{n+1}{n}\right)}$$

$$= -g(1,n) = \left(\frac{m}{n}\right) g(1,n) .$$

Wir haben somit gezeigt: Ist n eine ungerade Primzahl und m eine zu n teilerfremde ganze Zahl, so gilt

$$g(m,n) = \left(\frac{m}{n}\right) g(1,n) . \tag{17}$$

Andererseits folgt aus dem Reziprozitätsgesetz für Gauss'sche Summen, dass

$$\frac{1}{\sqrt{n}} g(1,n) = e^{\frac{\pi i}{4}(1-n)} g(-n,1),$$

oder

$$g(1,n) = \sqrt{n}\, e^{\frac{\pi i}{4}(1-n)}, \qquad (18)$$

denn nach Definition ist $g(-n,1) = 1$.

Mit (17) und (18) erhalten wir

$$\left(\frac{m}{n}\right) = \frac{1}{\sqrt{n}}\, e^{\frac{\pi i}{4}(n-1)} g(m,n)\ . \qquad (19)$$

Für den Spezialfall $m = -1$ ist

$$\left(\frac{-1}{n}\right) = \frac{1}{\sqrt{n}}\, e^{\frac{\pi i}{4}(n-1)} g(-1,n).$$

Nach der Reziprozitätsformel für $g(m,n)$ gilt aber

$$\frac{1}{\sqrt{n}} g(-1,n) = e^{\frac{\pi i}{4}(n-1)} g(-n,-1),$$

und nach Definition ist $g(-n,-1) = 1$. Also gilt $\left(\frac{-1}{n}\right) = e^{\frac{\pi i}{2}(n-1)}$, das heisst

$$\left(\frac{-1}{n}\right) = (-1)^{\frac{n-1}{2}} . \tag{20}$$

Jetzt nehmen wir an, m sei auch eine ungerade Primzahl. Dann folgt aus (19) und der Reziprozitätsformel für Gauss'sche Summen, dass

$$\left(\frac{m}{n}\right) = e^{\frac{\pi i}{4}(n-1)} e^{\frac{\pi i}{4}(1-mn)} \frac{1}{\sqrt{m}} g(-n,m),$$

und daraus unter nochmaliger Benutzung von (19),

$$\left(\frac{m}{n}\right) = e^{\frac{\pi i}{4}(n-1)} e^{\frac{\pi i}{4}(1-mn)} e^{-\frac{\pi i}{4}(m-1)} \left(\frac{-n}{m}\right).$$

Aber nach (20) gilt

$$\left(\frac{-n}{m}\right) = \left(\frac{-1}{m}\right)\left(\frac{n}{m}\right) = (-1)^{\frac{m-1}{2}} \left(\frac{n}{m}\right) = e^{\frac{2\pi i}{4}(m-1)} \left(\frac{n}{m}\right),$$

also ist

$$\left(\frac{m}{n}\right) = e^{-\frac{\pi i}{4}(n-1)(m-1)} \left(\frac{n}{m}\right) = (-1)^{\frac{n-1}{2}\cdot\frac{m-1}{2}} \left(\frac{n}{m}\right) ;$$

wegen $\left(\frac{n}{m}\right)^2 = 1$ folgt daraus

$$\left(\frac{m}{n}\right)\left(\frac{n}{m}\right) = (-1)^{\frac{n-1}{2}\cdot\frac{m-1}{2}} ,$$

womit Satz 1 bewiesen ist.

Ein Ergänzungssatz zum quadratischen Reziprozitätsgesetz

Satz 1 enthält eine Aussage über den Wert von $\left(\frac{p}{q}\right)$, wobei p und q verschiedene ungerade Primzahlen sind. Will man bestimmen, ob eine gegebene gerade Zahl quadratischer Rest modulo eine ungerade Primzahl p ist, so muss man das Legendresche Symbol $\left(\frac{2}{p}\right)$ auswerten können.

Wir beweisen folgenden

Satz 2: Für eine beliebige ungerade Primzahl p gilt

$$\left(\frac{2}{p}\right) = (-1)^{\frac{p^2-1}{8}} . \tag{21}$$

Dieser Satz lässt sich auch wie folgt ausdrücken:

$$\left(\frac{2}{p}\right) = \begin{cases} 1 & \text{für } p \equiv \pm 1 \pmod 8 \\ -1 & \text{für } p \equiv \pm 3 \pmod 8) . \end{cases}$$

Beweis: Den folgenden Beweis verdankt man H.Rademacher. Obwohl es einfachere Beweise für Satz 2 gibt, ist dieser deswegen interessant, weil ähnliche Betrachtungen einen anderen Beweis von Satz 1 liefern.

Wir definieren folgende zahlentheoretische Funktion:

$$\chi(n) = \begin{cases} (-1)^{\frac{n^2-1}{8}} & \text{für ungerades } n \\ 0 & \text{für geradesn.} \end{cases}$$

$\chi(n)$ besitzt folgende drei Eigenschaften:

(1) $\chi(n_1) = \chi(n_2)$ falls $n_1 \equiv n_2 \pmod 8$, nach Definition.

(2) $\chi(m)\chi(n) = \chi(mn)$. Ist mn gerade, so ist dies trivial. Sind m und n beide ungerade, so hat man

$$\frac{m^2-1}{8} + \frac{n^2-1}{8} - \frac{(mn)^2-1}{8} = - \frac{(m^2-1)(n^2-1)}{8} \equiv 0 \pmod 2 .$$

(3) $\sum_{n=1}^{8} \chi(n) = 0$, wie man durch Ausrechnen von $\chi(1), \ldots, \chi(8)$ bestätigt.

Es sei jetzt η eine <u>primitive</u> achte Einheitswurzel (d.h. $\eta^8 = 1$ aber $\eta^r \neq 1$ für $0 < r < 8$). Man kann zeigen, dass $\eta = \pm \frac{1 \pm i}{\sqrt{2}}$. Wir definieren:

$$\begin{aligned} H(\eta) &= \sum_{n=1}^{8} \chi(n)\eta^n = \eta - \eta^3 - \eta^5 + \eta^7 \\ &= 2(\eta + \bar{\eta}) = \pm 2\sqrt{2} ; \end{aligned}$$

es ist also $H(\eta) \neq 0$ und $H(\eta)^2 = 8$.

Daher ist für jede ungerade Primzahl q

$$H(\eta)^{q-1} = \left(H(\eta)^2\right)^{\frac{q-1}{2}} = 8^{(q-1)/2} = 2^{q-1} \cdot 2^{(q-1)/2} .$$

Wir wenden den Fermatschen Satz auf den ersten Faktor dieses Produktes, und das Eulersche Kriterium auf den zweiten an; es ergibt sich

$$H(\eta)^{q-1} \equiv \left(\frac{2}{q}\right) \pmod q . \tag{22}$$

Als Nächstes zeigen wir, dass auch

$$H(\eta)^{q-1} \equiv \chi(q) \pmod{q} \tag{23}$$

gilt; dann folgt aus (22) und (23)

$$\left(\frac{2}{q}\right) \equiv \chi(q) \pmod{q} ,$$

und sogar

$$\left(\frac{2}{q}\right) = \chi(q) ,$$

weil $\chi(q)$ und $\left(\frac{2}{q}\right)$ beide gleich ± 1 sind, und $q > 2$ ist.

Zum Beweis von (23) betrachten wir die Summe

$$H(\eta^t) = \sum_{n=1}^{8} \chi(n)\,\eta^{tn} \qquad (t \text{ ganz}) ;$$

aus der Definition von η folgt, dass $H(\eta^t)$ periodisch in t ist, mit Periode 8. Folglich ist auch $H(\eta^t)^k$ eine in t periodische Funktion der Periode 8. Sie besitzt eine endliche Fourier-Entwicklung

$$H(\eta^t)^k = \sum_{u=1}^{8} b_k(u)\,\eta^{tu} , \tag{24}$$

wobei

$$b_k(u) = \frac{1}{8}\sum_{s=1}^{8} H(\eta^s)^k \eta^{-su} .$$

Diese Formel lässt sich leicht durch Einsetzen bestätigen:

$$\sum_{u=1}^{8} b_k(u)\,\eta^{tu} = \frac{1}{8}\sum_{u=1}^{8}\left\{\sum_{s=1}^{8} H(\eta^s)^k \eta^{-su}\right\}\eta^{tu}$$

$$= \frac{1}{8}\sum_{s=1}^{8} H(\eta^s)^k \sum_{u=1}^{8} \eta^{(t-s)u}.$$

Wie in (15) haben wir $\sum_{u=1}^{8} \eta^{(t-s)u} = 0$ falls $\eta^{t-s} \neq 1$, d.h. falls $t \not\equiv s \pmod 8$. Folglich ist

$$\sum_{u=1}^{8} b_k(u)\,\eta^{tu} = H(\eta^t)^k,$$

in Uebereinstimmung mit (24).

Mit dieser Entwicklung für $H(\eta^t)^k$ beweisen wir folgenden wichtigen Hilfssatz:

<u>Lemma</u>: Für ungerades k gilt

$$b_k(u) = \chi(u)\,b_k(1). \tag{25}$$

<u>Beweis</u>: Es ist

$$b_k(u) = \frac{1}{8}\sum_{t=1}^{8}\left(\sum_{n=1}^{8}\chi(n)\,\eta^{tn}\right)^k \eta^{-tu}$$

$$= \frac{1}{8}\sum_{t=1}^{8}\Big(\sum_{n_1=1}^{8}\chi(n_1)\eta^{tn_1}\cdots\sum_{n_k=1}^{8}\chi(n_k)\eta^{tn_k}\Big)\eta^{-tu}$$

$$= \frac{1}{8}\sum_{\substack{n_1,\ldots n_k\\(\mathrm{mod}\ 8)}}\chi(n_1 n_2\ldots n_k)\sum_{t=1}^{8}\eta^{(n_1+n_2+\ldots+n_k-u)t}\ ;$$

in dieser letzten Summe durchlaufen $n_1, n_2, \ldots, n_k$ unabhängig von einander die Zahlen 1,2,...,8 oder was auf dasselbe hinauskommt, irgend ein vollständiges Restsystem (mod 8). Wiederum haben wir

$$\sum_{t=1}^{8}\eta^{(n_1+n_2+\ldots+n_k-u)t} = 0\ ,$$

ausgenommen für den Fall $n_1+n_2+\ldots+n_k \equiv u \pmod 8$. Wir dürfen also schreiben

$$b_k(u) = \sum_{\substack{n_j\ (\mathrm{mod}\ 8)\\ n_1+\ldots+n_k\equiv u\ (\mathrm{mod}\ 8)}}\chi(n_1 n_2\ldots n_k)\,. \tag{26}$$

Jetzt trennen wir die Fälle u ungerade, u gerade.

(i) Ist u ungerade, so gibt es eine ganze Zahl u' derart, dass $uu' \equiv 1 \pmod 8$; dann ist $\chi(u)\chi(u') = \chi(uu') = \chi(1) = 1$. Mit $n'_j = u'n_j$ haben wir $\chi(n'_j) = \chi(u')\chi(n_j)$, oder $\chi(n_j) = \chi(u)\chi(n'_j)$. Dann folgt aus (26)

$$b_k(u) = \chi(u)^k \sum_{\substack{n'_j \,(\mathrm{mod}\ 8) \\ n'_1+\ldots+n'_k \equiv 1\,(\mathrm{mod}\ 8)}} \chi(n'_1 n'_2 \ldots n'_k)$$

$$= \chi(u)^k b_k(1) = \chi(u) b_k(1),$$

denn $\chi(u) = \pm 1$ und k ist ungerade. Somit ist das Lemma für ungerades u bewiesen.

(ii) Ist u gerade, so ist $\chi(u) = 0$. Ferner muss mindestens eines der n_j gerade sein, denn k ist ungerade und $n_1+\ldots+n_k \equiv u \pmod 8$. Daraus folgt $\chi(n_1 n_2 \ldots n_k) = 0$ und somit $b_k(u) = 0$; das Lemma ist also auch für gerades u richtig.

Jetzt wenden wir dieses Lemma an, um $H(\eta)^{q-1}$ auszurechnen. Aus (24) folgt für ungerades k

$$H(\eta^t)^k = b_k(1) \sum_{u=1}^{8} \chi(u)\eta^{tu} = b_k(1) H(\eta^t) ,$$

und für $t = 1$ erhalten wir wegen $H(\eta) \neq 0$

$$H(\eta)^{k-1} = b_k(1) \quad \text{für ungerades } k.$$

Insbesondere ist also für $k = q$, q eine ungerade Primzahl,

$$H(\eta)^{q-1} = b_q(1) .$$

Können wir jetzt zeigen, dass $b_q(1) \equiv \chi(q) \pmod q$ ist, so ist (23) bewiesen. Nach obigem Lemma gilt $b_q(1) = \chi(q) b_q(q)$, und nach (26) ist

$$b_q(q) = \sum_{\substack{n_j \,(\mathrm{mod}\ 8) \\ n_1+\dots+n_q \equiv q \,(\mathrm{mod}\ 8)}} \chi(n_1 n_2 \dots n_k) \; ; \tag{27}$$

wir wollen zeigen, dass $b_q(q) \equiv 1 \pmod q$ gilt. Es wird über alle Lösungen von $n_1+\dots+n_q \equiv q \pmod 8$ summiert, wobei jedes der n_i ein vollständiges Restsystem (mod 8) durchläuft. Wir unterscheiden zwei Arten von Lösungen:

(a) Diejenigen mit $n_1 \equiv n_2 \equiv \dots \equiv n_q \pmod 8$, und

(b) Diejenigen, die mindestens ein Paar $n_j \not\equiv n_j \pmod 8$ enthalten.

Im Falle (a) ist $n_1+\dots+n_q \equiv qn_j \pmod 8$, folglich $qn_j \equiv q \pmod 8$, also wegen $(q,8) = 1$, $n_j \equiv 1 \pmod 8$ für $j = 1,2,\dots,q$. Dann ist aber $\chi(n_1 n_2 \dots n_q) = \chi(1) = 1$.

Im Falle (b) liefert jede zyklische Vertauschung von $n_1, n_2, \dots n_q$ eine weitere Lösung. Es gibt q solche Vertauschungen, und jede liefert eine <u>verschiedene</u> Lösung. Denn: Ist

$$n_{1+s},\ n_{2+s}, \dots,\ n_{q+s} \qquad (1 \leqslant s \leqslant q-1)$$

eine zyklische Vertauschung der Lösung

$$n_1,\ n_2, \dots,\ n_q,$$

und sind die beiden Lösungen identisch, so ist $n_{i+s} \equiv n_i \pmod 8$ für $i = 1,2,\ldots,q$. Setzt man der Reihe nach $i = s, 2s,\ldots, (q-1)s$, so ergibt sich daraus $n_s \equiv n_{2s} \equiv\ldots\equiv n_{qs} \pmod 8$; die Indizes bilden ein vollständiges Restsystem modulo q, denn $(q,s) = 1$. Folglich hätte man, nach Reduktion der Indizes (mod q), $n_1 \equiv n_2 \equiv\ldots\equiv n_q \pmod 8$; dieser Fall ist aber ausgeschlossen.

Aus dieser Ueberlegung folgt, dass jede Lösung von $n_1+\ldots+ n_q \equiv q \pmod 8$, welche mindestens ein inkongruentes Paar $n_i \not\equiv n_j \pmod 8$ enthält, durch zyklische Vertauschung q Mal denselben Summanden $\chi(n_1 n_2\ldots n_q)$ in (27) liefert.

Folglich ergibt (27)

$$b_q(q) \equiv \chi(1) \qquad \pmod q,$$

das heisst

$$b_q(q) \equiv 1 \qquad \pmod q;$$

damit ist

$$b_q(1) \equiv \chi(q) \qquad \pmod q$$

und

$$H(\eta)^{q-1} \equiv \chi(q) \qquad \pmod q.$$

Demzufolge ist, wie früher erklärt wurde, Satz 2 bewiesen.

Als Beispiel für die Anwendung der Sätze 1 und 2 berechnen wir das Legendresche Symbol $\left(\frac{12703}{16361}\right)$; die Zahlen 12703 und 16361 sind beide Primzahlen.

Nach Satz 1 ist

$$\left(\frac{12703}{16361}\right) = \left(\frac{16361}{12703}\right) ;$$

wegen $16361 \equiv 3658 \pmod{12703}$ ist ferner

$$\left(\frac{16361}{12703}\right) = \left(\frac{3658}{12703}\right) .$$

Da $\left(\frac{mn}{p}\right) = \left(\frac{m}{p}\right)\left(\frac{n}{p}\right)$ haben wir jetzt

$$\left(\frac{3658}{12703}\right) = \left(\frac{2}{12703}\right)\left(\frac{31}{12703}\right)\left(\frac{59}{12703}\right)$$

$$= \left(\frac{31}{12703}\right)\left(\frac{59}{12703}\right) \text{, nach Satz 2}$$

$$= -\left(\frac{12703}{31}\right)\cdot -\left(\frac{12703}{59}\right) \text{, nach Satz 1}$$

$$= \left(\frac{24}{31}\right)\left(\frac{18}{59}\right) = \left(\frac{2^3}{31}\right)\left(\frac{3}{31}\right)\left(\frac{2}{59}\right)\left(\frac{3^2}{59}\right) .$$

Es ist $\left(\frac{2^2}{31}\right) = \left(\frac{2}{31}\right)^2 = 1$ und analog $\left(\frac{3^2}{59}\right) = 1$, also bleibt schliesslich

$$\left(\frac{12703}{16361}\right) = \left(\frac{2}{31}\right)\left(\frac{3}{31}\right)\left(\frac{2}{59}\right) = \left(\frac{3}{31}\right),$$

nach Satz 2,

$$= \left(\frac{1}{3}\right) = 1 \quad ,$$

denn 1 ist offenbar quadratischer Rest modulo jede ungerade Primzahl.

<u>Eine Anwendung des Reziprozitätsgesetzes</u>

Wie wir schon im Kapitel IV bemerkten, hat für eine feste Primzahl p das Legendresche Symbol $\left(\frac{m}{p}\right)$ für alle $m' \equiv m \pmod p$ denselben Wert.

Nun zeigt Satz 2, dass $\left(\frac{2}{p}\right)$ für alle ungeraden Primzahlen, welche in gewissen arithmetischen Reihen (mod 8) liegen, denselben Wert hat.

Allgemeiner lässt sich mit Satz 1 zeigen, dass für eine feste <u>ungerade</u> Primzahl q das Symbol $\left(\frac{q}{p}\right)$ für alle Primzahlen $p' \equiv p \pmod{4q}$ denselben Wert hat.

Denn aus $p' \equiv p \pmod{4q}$ folgt $p' \equiv p \pmod 4$, also $\frac{p'-1}{2} \equiv \frac{p-1}{2} \pmod 2$. Nach Satz 1 haben wir

$$\left(\frac{p'}{q}\right)\left(\frac{q}{p'}\right) = (-1)^{\frac{p'-1}{2}.\frac{q-1}{2}} = (-1)^{\frac{p-1}{2}.\frac{q-1}{2}} = \left(\frac{p}{q}\right)\left(\frac{q}{p}\right) .$$

Ferner folgt aus $p' \equiv p \pmod{4q}$, dass $p' \equiv p \pmod{q}$. Somit gilt $\left(\frac{p'}{q}\right) = \left(\frac{p}{q}\right)$, und folglich ist $\left(\frac{q}{p'}\right) = \left(\frac{q}{p}\right)$

KAPITEL VI. - ZAHLENTHEORETISCHE FUNKTIONEN UND GITTERPUNKTE

Eine zahlentheoretische Funktion ist im allgemeinen eine komplexwertige Funktion, die für jede positive ganze Zahl n definiert ist. Viele der zahlentheoretischen Funktionen, die wir antreffen werden, nehmen aber nur ganzzahlige Werte an. Eine zahlentheoretische Funktion f heisst multiplikativ, wenn sie folgende Bedingungen erfüllt:

(1) f ist nicht identisch Null, und

(2) $f(mn) = f(m)f(n)$, falls $(m,n) = 1$.

Es ist leicht einzusehen, dass (1) durch die Bedingung $f(1) = 1$ ersetzt werden darf.

Ein Beispiel einer zahlentheoretischen Funktion ist die Eulersche Funktion φ, von der wir zeigten, dass sie multiplikativ ist, und dass $\varphi(p^a) = p^a(1-\frac{1}{p})$ für jede Primzahlpotenz p^a $(a>0)$ ist.

Viele zahlentheoretischen Funktionen zeigen ein sehr unregelmässiges Verhalten; deshalb ist es oft interessanter, die Funktion

$$F(N) = \sum_{n=1}^{N} f(n)$$

zu betrachten; das Verhalten von F ist regelmässiger als dasjenige von f, denn $\frac{1}{N}F(N)$ gibt den "Mittelwert" von f an. Man nennt die Grössenordnung von $\frac{1}{N}F(N)$ die "durchschnittliche Grössenordnung" von f.

Wir werden sehen, dass viele von diesen Funktionen einfache geometrische Deutungen als Anzahl Gitterpunkte in gewissen Bereichen zulassen (ein Gitterpunkt ist ein Punkt des euklidischen Raumes mit ganzzahligen Koordinaten).

Die Funktion $r(n)$

Die Funktion $r(n)$ gibt die Anzahl Darstellungen der ganzen Zahl $n > 1$ als Summe von zwei ganzzahligen Quadratzahlen an, das heisst die Anzahl Lösungen der Gleichung

$$x^2 + y^2 = n$$

in ganzen Zahlen x, y.

Lösungen, die sich nur durch das Vorzeichen oder durch Vertauschung von x und y unterscheiden, werden als verschieden betrachtet; z.B. ist $r(1) = 4$, denn

$$1 = (\pm 1)^2 + 0^2 = 0^2 + (\pm 1)^2.$$

Folglich ist diese Funktion nicht multiplikativ.

Wir wissen aus Satz IV.7, dass $r(n) = 0$ wenn n eine Primzahl der Gestalt $4k + 3$ ist; ferner wissen wir, dass es unendlich viele solche Primzahlen gibt (Satz III.6). Da $r(n) > 0$ folgt aus dieser Bemerkung, dass

$$\varliminf_{n\to\infty} r(n) = 0.$$

Es lässt sich zeigen, dass $r(n) = O(n^{\varepsilon})$ für jedes $\varepsilon > 0$, aber diese Tatsache ist wegen der Unregelmässigkeit von $r(n)$ uninteressant. Interessanter ist die Funktion

$$R(N) = \sum_{n=1}^{N} r(n) \;;$$

$R(N)$ kann geometrisch als Anzahl der Gitterpunkte, die innerhalb und auf dem Kreis $x^2 + y^2 = N$ liegen, gedeutet werden. Es ist leicht zu zeigen, dass die Funktion $R(N)$ asymptotisch gleich dem Inhalt dieses Kreises ist:

Satz 1 (Gauss): $R(N) = \pi N + O(\sqrt{N})$.

Beweis: Die Gitterpunkte sind die Ecken von Einheitsquadraten. Jedem Gitterpunkt kann man dasjenige Einheitsquadrat zuordnen, dessen "südwestliche" Ecke er ist. Dann ist $R(N)$ gleich der Summe der Inhalte dieser Quadrate.

Gewisse Quadrate liegen nicht ganz im betrachteten Kreis; andererseits werden gewisse Teile des Kreises nicht überdeckt (Figur 6).

Die Diagonale eines Einheitsquadrates hat die Länge $\sqrt{2}$, also sind alle Quadrate im Kreise

$$x^2 + y^2 = (\sqrt{N} + \sqrt{2})^2$$

enthalten. Folglich gilt $R(N) < \pi(\sqrt{N} + \sqrt{2})^2$.

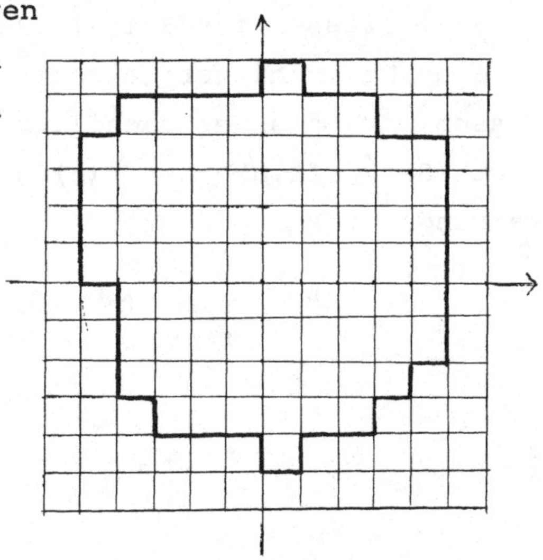

(Figur 6)

Analog sieht man, dass die Quadrate den kleineren Kreis mit Radius $\sqrt{N} - \sqrt{2}$ ganz überdecken; somit gilt $R(N) > \pi(\sqrt{N} - \sqrt{2})^2$.

Wir haben also

$$\pi(N - 2\sqrt{2N} + 2) < R(N) < \pi(N + 2\sqrt{2N} + 2),$$

und damit

$$R(N) = \pi(N) + O(\sqrt{N}).$$

Das Restglied in der Abschätzung von $R(N)$ wurde später von Sierpiński auf $O(N^{1/3+\varepsilon})$, $\varepsilon > 0$, verbessert. Man vermutet, dass der richtige Wert $O(N^{1/4+\varepsilon})$, $\varepsilon > 0$, ist; dagegen weiss man, dass die Formel $R(N) = \pi N + O(N^{1/4})$ falsch ist.

Die Funktion $d(n)$

$d(n)$ ist gleich der Anzahl der positiven Teiler der positiven ganzen Zahl n.

Satz 2: $d(n)$ ist multiplikativ.

Beweis: (1) $d(1) = 1$

(2) Ist $(m,n) = 1$, so folgt aus der Eindeutigkeit der Primzahlzerlegung, dass jeder Teiler von mn sich eindeutig als Produkt eines Teilers von m mit einem Teiler von n darstellen lässt. Umgekehrt ist jedes solche Produkt ein Teiler von mn. Aus dieser Bemerkung folgt sofort, dass $d(n)$ multiplikativ ist.

<u>Satz 3</u>: Hat n die kanonische Zerlegung $n = \prod_{i=1}^{r} p_i^{a_i}$,
so ist $d(n) = \prod_{i=1}^{r} (a_i + 1)$.

<u>Beweis</u>: $d(n)$ ist multiplikativ, also gilt

$$d(n) = \prod_{i=1}^{r} d(p_i^{a_i})$$

Die einzigen positiven Teiler von $p_i^{a_i}$ sind die $(a_i + 1)$ Zahlen $1, p_i, p_i^2, \dots, p_i^{a_i}$; folglich ist

$$d(n) = \prod_{i=1}^{r} (a_i + 1) .$$

Man kann die Funktion $d(n)$ auch geometrisch interpretieren: die Anzahl positiver Teiler von n ist gleich der Anzahl Lösungen von $xy = n$ in positiven ganzen Zahlen x,y. Somit ist $d(n)$ gleich der Anzahl Gitterpunkte auf dem positiven Ast der gleichseitigen Hyperbel $xy = n$.

<u>Die Grössenordnung von $d(n)$</u>

Aus Satz 3 folgt, dass $d(n)$ beliebig gross gemacht werden kann. Aber $d(n) = 2$ falls n eine Primzahl ist. Folglich ist

$$\varliminf_{n\to\infty} d(n) = 2.$$

Jetzt zeigen wir, dass $d(n)$ rascher als jede Potenz von $\log n$ wächst.

<u>Satz 4</u>: Die Gleichung

$$d(n) = O\{(\log n)^{\Delta}\} \tag{1}$$

ist falsch für jedes Δ.

<u>Beweis</u>: Für $\Delta \leqslant 0$ ist der Satz trivial. Sei $\Delta > 0$ und k die ganze Zahl gegeben durch $k \leqslant \Delta < k + 1$. Dann bilden wir das Produkt der ersten $k + 1$ Primzahlen; sei

$n = (2\cdot 3\cdot 5\cdot\ldots\cdot p_{k+1})^m$, wobei m eine positive ganze Zahl ist. Nach Satz 3 ist

$$d(n) = (m+1)^{k+1} > m^{k+1} \; .$$

Aber

$$m^{k+1} = \left\{ \frac{\log n}{\log(2\cdot 3\cdot 5\ldots p_{k+1})} \right\}^{k+1} > C(\log n)^{k+1}, \qquad (2)$$

wobei C eine von n unabhängige Konstante ist.

Setzen wir nun der Reihe nach $m = 1, 2, 3, \ldots$, so erhalten wir eine unendliche Folge positiver ganzer Zahlen n für welche

$$d(n) > C(\log n)^{k+1}$$

gilt. Mit $k + 1 = \Delta + \delta$ $(\delta > 0)$ gilt also für diese Folge

$$\frac{d(n)}{(\log n)^{\Delta}} > C(\log n)^{\delta} \to \infty \quad \text{für } n \to \infty \, ,$$

also ist (1) tatsächlich für jedes Δ falsch.

Hingegen gilt der

Satz 5: $\quad d(n) = o(n^{\delta})$ für jedes $\delta > 0$.

Zum Beweise brauchen wir folgenden Hilfssatz:

Satz 6: Die zahlentheoretische Funktion f sei multiplikativ, und es gelte $f(p^m) \to 0$ für $p^m \to \infty$ (d.h. $f(n) \to 0$ wenn n die Folge der Primzahlpotenzen durchläuft). Dann gilt $f(n) \to 0$ für $n \to \infty$.

Beweis: Wegen $f(p^m) \to 0$ für $p^m \to \infty$ erfüllt f folgende Ungleichungen:

(i) $|f(p^m)| < A$ für alle p und m,

(ii) $|f(p^m)| < 1$, wenn $p^m > B$,

(iii) $|f(p^m)| < \varepsilon$, wenn $p^m > N(\varepsilon)$, $\varepsilon > 0$ gegeben,

wobei A und B unabhängig von ε, p und m sind.

Sei jetzt n eine beliebige positive ganze Zahl, mit der kanonischen Zerlegung

$$n = p_1^{a_1} p_2^{a_2} \dots p_r^{a_r} \; ; \qquad (3)$$

f ist multiplikativ, somit

$$f(n) = f(p_1^{a_1}) f(p_2^{a_2}) \dots f(p_r^{a_r}) \; . \qquad (4)$$

Wir betrachten jetzt alle Primzahlpotenzen p^a; C sei die Anzahl derjenigen p^a, die nicht grösser als B sind. C ist eine von n unabhängige Zahl. Für die entsprechenden Faktoren $f(p_i^{a_i})$ in (4) können wir die Ungleichung (i) anwenden; ihr Produkt ist kleiner als A^C. Die übrigen Faktoren von $f(n)$ sind alle kleiner als 1, nach (ii).

Es gibt auch nur endlich viele Zahlen der Gestalt p^a, die nicht grösser als $N(\varepsilon)$ sind, also gibt es nur endlich viele ganze Zahlen, deren kanonische Zerlegung lauter Faktoren $p^a \leq N(\varepsilon)$ enthält. Sei $P(\varepsilon)$ die obere Grenze dieser Zahlen.

Jetzt wählen wir $n > P(\varepsilon)$; dann erhält die kanonische Zerlegung von n mindestens einen Faktor $p^a > N(\varepsilon)$, und wir dürfen die Ungleichung (iii) anwenden: $|f(p^a)| < \varepsilon$.

Somit gilt

$$|f(n)| < A^C \varepsilon, \quad \text{wenn} \quad n > P(\varepsilon),$$

also strebt $f(n) \to 0$ für $n \to \infty$.

Beweis von Satz 5: Die Funktion $f(n) = \frac{d(n)}{n^\delta}$ ist multiplikativ. Ferner gilt

$$f(p^m) = \frac{m+1}{p^{m\delta}} \leqslant \frac{2m}{p^{m\delta}} = \frac{2}{p^{m\delta}} \cdot \frac{\log p^m}{\log p} .$$

Aus $\log p \geqslant \log 2$ folgt dann für jedes $\delta > 0$:

$$f(p^m) \leqslant \frac{2}{\log 2} \cdot \frac{\log p^m}{p^{m\delta}} \to 0 \quad \text{für} \quad p^m \to \infty;$$

mit Satz 6 schliessen wir daraus, dass

$$\frac{d(n)}{n^\delta} \to 0 \quad \text{für} \quad n \to \infty :$$

das heisst, $d(n) = o(n^\delta)$, für jedes δ. Also gilt erst recht $d(n) = O(n^\delta)$, für jedes $\delta > 0$.

Man kann zeigen, dass es zu jedem $\varepsilon > 0$ eine Zahl $N(\varepsilon)$ gibt, so dass

$$d(n) < 2^{(1+\varepsilon)\frac{\log n}{\log\log n}} \quad \text{für alle} \quad n > N(\varepsilon);$$

aber es gilt auch

$$d(n) > 2^{(1-\varepsilon)\frac{\log n}{\log\log n}} \quad \text{für unendlich viele} \quad n.$$

Die durchschnittliche Grössenordnung von $d(n)$

Wir betrachten die Funktion

$$D(N) = \sum_{n=1}^{N} d(n) .$$

Aus $d(n) = \sum_{t \mid n} 1 = \sum_{xy=n} 1$ folgt

$$D(N) = \sum_{n=1}^{N} d(n) = \sum_{1 \leqslant n \leqslant N} \; \sum_{xy = N} 1 ,$$

oder

$$D(N) = \sum_{1 \leqslant xy \leqslant N} 1 .$$

Wir können also $D(N)$ folgende geometrische Deutung geben: $D(N)$ ist die Anzahl Gitterpunkte des ersten Quadranten, die auf oder unter der Hyperbel $xy = N$ liegen (aber nicht auf den Achsen, denn dort ist $xy = 0$).

Um die Grössenordnung von $D(N)$ abzuschätzen brauchen wir

<u>Satz 7</u>: Ist $g(t)$ eine monoton abnehmende Funktion mit $g(t) > 0$ für $t > 0$ und $g(1) < \infty$, so ist

$$\sum_{1 \leq n \leq X} g(n) = \int_1^X g(t)\,dt + A + O(g(X)),$$

wobei n ganz, $X \geq 1$, und A eine von $g(t)$ allein abhängige Konstante ist.

<u>Beweis</u>: Wir betrachten das abgeschlossene Intervall $[n, n+1]$; da $g(t)$ abnehmend ist, gilt

$$g(n+1) \leq \int_n^{n+1} g(t)\,dt \leq g(n),$$

folglich

$$0 \leq A_n = g(n) - \int_n^{n+1} g(t)\,dt \leq g(n) - g(n+1).$$

Sind M und N beliebige positive ganze Zahlen mit $M < N$, so folgt daraus

$$\sum_{n=M}^{N} A_n \leq \sum_{n=M}^{N} \{g(n) - g(n+1)\} = g(M) - g(N+1),$$

und da g positiv ist,

$$\sum_{n=M}^{N} A_n \leq g(M) \quad \text{für alle} \quad N > M. \tag{5}$$

Insbesondere haben wir $\sum_{n=1}^{\infty} A_n \leq g(1) < \infty$, also konvergiert diese Reihe. Wir setzen $\sum_{n=1}^{\infty} A_n = A$;

dann ergibt sich mit (5)

$$A = \sum_{n=1}^{N} A_n + \sum_{n=N+1}^{\infty} A_n = \sum_{n=1}^{N} A_n + O(g(N+1)) ,$$

oder

$$A = \sum_{n=1}^{N} \left\{ g(n) - \int_{n}^{n+1} g(t)\,dt \right\} + O(g(N+1)) .$$

Daraus folgt

$$\sum_{n=1}^{N} g(n) = \int_{1}^{N} g(t)\,dt + A + O(g(N+1)).$$

Setzen wir $N = [X]$, so lässt sich dies als

$$\sum_{1 \leqslant n \leqslant X} g(n) = \int_{1}^{[X]+1} g(t)\,dt + A + O(g([X]+1))$$

schreiben, wobei n nur die ganzen Zahlen durchläuft.

Aber $g(t)$ ist positiv und monoton abnehmend; somit ist

$$\int_{X}^{[X]+1} g(t)\,dt \leqslant g(X) \quad \text{und} \quad 0 < g([X]+1) \leqslant g(X) ,$$

folglich

$$\sum_{1 \leqslant n \leqslant X} g(n) = \int_{1}^{X} g(t)\,dt + A + O(g(X)) ,$$

wie wir zeigen wollten.

Korollare

(1) $$\sum_{1 \leqslant n \leqslant X} \frac{1}{n} = \log X + \gamma + O\left(\frac{1}{X}\right) ,$$

wobei γ die Eulersche Konstante bedeutet.

(2) $$\sum_{2 \leqslant n \leqslant X} \frac{1}{n \log n} = \log \log X + A + O\left(\frac{1}{X \log X}\right),$$

denn $$\int_2^X \frac{dt}{t \log t} = \log \log X - \log \log 2 .$$

Unter Anwendung von Satz 7 beweisen wir jetzt

<u>Satz 8</u>: $D(N) = N \log N + O(N)$.

<u>Beweis</u>: Wie wir schon erwähnt haben, ist $D(N)$ gleich der Anzahl Gitterpunkte im ersten Quadranten, die auf oder unter der Hyperbel $xy = N$ liegen, jedoch nicht auf den Achsen. Da die Punkte auf den Achsen ausgeschlossen werden, liegen alle Gitterpunkte, die wir abzählen müssen, links von der Geraden $x = N$ und unterhalb der Geraden $y = N$ (Figur 7). Wir werden diese Gitterpunkte zählen, indem wir die Anzahl Punkte auf jeder vertikalen Geraden mit einer ganzzahligen Abszisse zählen.

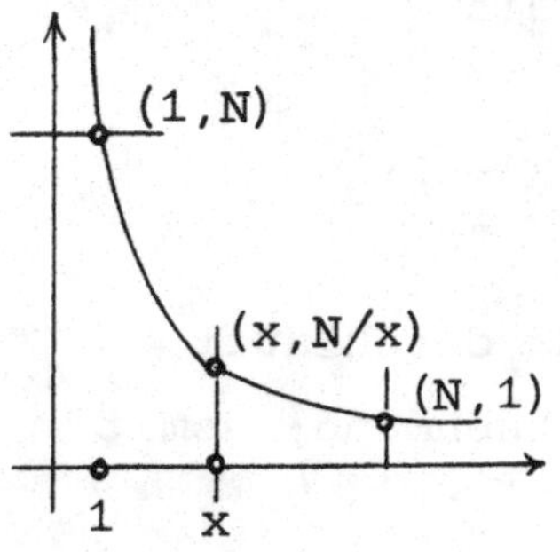

(<u>Figur 7</u>)

Auf der Ordinate der Länge $\frac{N}{x}$ liegen $\left[\frac{N}{x}\right]$ unserer Gitterpunkte; folglich ist

$$D(N) = \sum_{x=1}^{N} \left[\frac{N}{x}\right].$$

Wir setzen $\left[\frac{N}{x}\right] = \frac{N}{x} - \theta_x$, $0 \leq \theta_x < 1$; dann ist

$$D(N) = N \sum_{x=1}^{N} \frac{1}{x} - \sum_{x=1}^{N} \theta_x$$

$$= N \sum_{x=1}^{N} \frac{1}{x} + O(N),$$

denn $\sum_{x=1}^{N} \theta_x < N$.

Aus dem ersten Korollar zu Satz 7 folgt jetzt

$$D(N) = N \log N + O(N),$$

womit Satz 8 bewiesen ist.

Satz 8 lässt sich aber wesentlich verschärfen:

<u>Satz 9</u> (Dirichlet): $D(N) = N \log N + (2\gamma-1)N + O(\sqrt{N})$,
wobei γ die Eulersche Konstante ist.

<u>Beweis</u>: Die Hyperbel $xy = N$ ist symmetrisch bezüglich der Geraden $x = y$, also liegen gleich viele Gitterpunkte in ABGEO wie in CDOFG (Figur 8). Die gesamte Anzahl Gitterpunkte auf oder unter der Hyperbel (Punkte auf den Achsen ausgeschlossen) ist also zweimal die Anzahl Gitterpunkte in ABGEO, weniger die Anzahl Gitterpunkte im Quadrat OFGE:

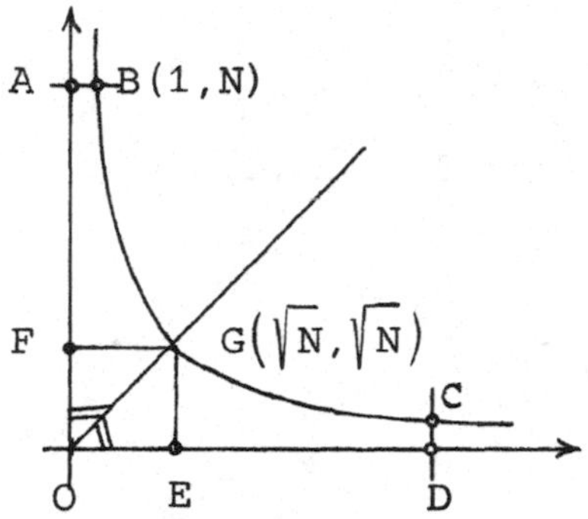

(<u>Figur 8</u>)

$$D(N) = 2\sum_{\substack{1 \leq x \leq \sqrt{N} \\ 1 \leq xy \leq N}} 1 - [\sqrt{N}]^2$$

$$= 2\sum_{1 \leq x \leq \sqrt{N}} \sum_{1 \leq y \leq N/x} 1 - [\sqrt{N}]^2 = \sum_{1 \leq x \leq \sqrt{N}} \left[\frac{N}{x}\right] - [\sqrt{N}]^2 .$$

Wir setzen nochmals $\left[\frac{N}{x}\right] = \frac{N}{x} - \theta_x$, $0 \leq \theta_x < 1$, und

$[\sqrt{N}] = \sqrt{N} - \vartheta$, $0 \leq \vartheta < 1$. Es folgt

$$D(N) = 2N\sum_{1 \leq x \leq \sqrt{N}} \frac{1}{x} - 2\sum_{1 \leq x \leq \sqrt{N}} \theta_x - (\sqrt{N}-\vartheta)^2$$

$$= 2N\sum_{1 \leq x \leq \sqrt{N}} \frac{1}{x} - N - 2\sum_{1 \leq x \leq \sqrt{N}} \theta_x + 2\vartheta\sqrt{N} - \vartheta^2.$$

Nun ist $\sum_{1 \leq x \leq \sqrt{N}} \theta_x = O(\sqrt{N})$ und $\vartheta^2 = O(1)$, also haben wir

$$D(N) = 2N \sum_{1 \leq x \leq \sqrt{N}} \frac{1}{x} - N + O(\sqrt{N}),$$

und die Anwendung des ersten Korollars zu Satz 7 liefert Satz 9.

<u>Die Funktion $\sigma(n)$</u>

In Zusammenhang mit der Funktion $d(n)$ betrachtet man die zahlentheoretische Funktion $\sigma(n)$, welche die Summe der positiven Teiler von n angibt.

Allgemeiner definiert man

$$\sigma_k(n) = \sum_{d|n} d^k \qquad (k = 1, 2, \ldots),$$

und setzt

$$\sigma_0(n) = d(n).$$

<u>Satz 10:</u> $\sigma_k(n)$ ist multiplikativ.

<u>Beweis:</u> Die gleichen Ueberlegungen wie für Satz 2 zeigen, dass, falls $(m,n) = 1$,

$$\sum_{d|m} d \cdot \sum_{d'|n} d' = \sum_{d^*|mn} d^*,$$

denn das Produkt auf der linken Seite liefert alle Teiler von mn, jeden genau einmal. Folglich ist $\sigma(n)$ multiplikativ. Analog zeigt man, dass $\sigma_k(n)$ multiplikativ ist.

Diesem Satz entnehmen wir

<u>Satz 11:</u> Besitzt die positive ganze Zahl n die kanonische Zerlegung $n = \prod_{i=1}^{r} p_i^{a_i}$, so ist

$$\sigma_k(n) = \prod_{i=1}^{r} \frac{p_i^{(a_i+1)k} - 1}{p_i^k - 1} . \tag{6}$$

<u>Beweis</u>:

$$\sigma_k(n) = \prod_{i=1}^{r} \sigma_k(p_i^{a_i}) = \prod_{i=1}^{r} (1 + p_i^k + p_i^{2k} + \ldots + p_i^{a_i k})$$

$$= \prod_{i=1}^{r} \frac{p_i^{(a_i+1)k} - 1}{p_i^k - 1} .$$

Insbesondere ergibt sich daraus für $k = 1$

$$\sigma(n) = \prod_{i=1}^{r} \frac{p^{a_i+1} - 1}{p_i - 1} . \tag{7}$$

Ein altes Problem betreffend die Funktion $\sigma(n)$ ist das der vollkommenen Zahlen. Eine positive ganze Zahl N heisst <u>vollkommen</u>, wenn $\sigma(N) = 2N$ ist; d.h., N ist gleich der Summe ihrer positiven Teiler, die kleiner als N sind. Zum Beispiel sind 6 und 28 vollkommen.

Eine <u>Mersennesche Zahl</u> ist eine ganze Zahl der Gestalt $2^n - 1$; ist sie zudem eine Primzahl, so heisst sie eine <u>Mersennesche Primzahl</u>.

Der Zusammenhang zwischen Mersenneschen Primzahlen und vollkommenen Zahlen ist durch folgenden Satz gegeben:

<u>Satz 12</u> (Euklid): Ist $2^{n+1} - 1$ eine Primzahl, so ist die Zahl $2^n(2^{n+1} - 1)$ vollkommen.

<u>Beweis</u>: Sei $N = 2^n(2^{n+1} - 1) = 2^n p$, p eine Primzahl. Nach (7) ist

$$\sigma(N) = (2^{n+1} - 1)(p + 1)$$

$$= (2^{n+1} - 1)\, 2^{n+1} = 2N .$$

Euler hat bemerkt, dass sich obiger Satz teilweise umkehren lässt:

<u>Satz 13</u> (Euler): Jede <u>gerade</u> vollkommene Zahl hat die Gestalt $2^n p$, wobei p eine Mersennesche Primzahl ist.

<u>Beweis</u>: Sei $N = 2^n N'$ vollkommen und N' ungerade; dann ist

$$\sigma(N) = 2N = 2^{n+1} N';$$

da σ multiplikativ ist gilt ferner

$$\sigma(N) = \sigma(2^n)\sigma(N').$$

Da $\sigma(2^n) = 2^{n+1} - 1$ ist, gilt somit

$$(2^{n+1} - 1)\sigma(N') = 2^{n+1} N'.$$

Daraus folgt $(2^{n+1} - 1) | N'$; wir setzen $N' = (2^{n+1} - 1)N''$. Dann ist $\sigma(N') = 2^{n+1} N''$. Aber

$$N' + N'' = 2^{n+1} N'' = \sigma(N');$$

N' und N'' teilen N' und ihre Summe beträgt $\sigma(N')$. Folglich hat N' keine weiteren Teiler, ist also eine Primzahl. Ferner gilt $N' = (2^{n+1} - 1)N''$; daraus folgt $N'' = 1$ und $N' = 2^{n+1} - 1$. Damit ist Satz 13 bewiesen.

Man weiss noch nicht, ob es unendlich viele gerade vollkommene Zahlen gibt (d.h. unendlich viele Primzahlen der Form $2^n - 1$), und auch nicht, ob es ungerade vollkommene Zahlen gibt.

Die Mersenneschen Primzahlen sind Primzahlen der Form $2^n - 1$; es ist leicht zu zeigen, dass eine Zahl der Form $a^n - 1$ $(n > 1)$ nur dann Primzahl sein kann, wenn $a = 2$ und n eine Primzahl ist. Denn es gilt immer $a - 1 | a^n - 1$;

ist $a - 1 > 1$ und $n > 1$, so muss $a^n - 1$ zusammengesetzt sein. Also muss jedenfalls $a = 2$ sein, wenn $a^n - 1$ Primzahl ist. Ist nun n zusammengesetzt, etwa $n = kl$ mit $1 < k \leq l$, so gilt $2^k - 1 \mid 2^n - 1$, d.h. $2^n - 1$ ist keine Primzahl.

Die Möbiussche Funktion

Die Möbiussche Funktion μ ist eine zahlentheoretische Funktion, die durch folgende drei Eigenschaften definiert wird:

(I) $\mu(1) = 1$,

(II) $\mu(n) = (-1)^k$, falls n das Produkt von k verschiedenen Primzahlen ist,

(III) $\mu(n) = 0$ sonst, d.h. falls n durch ein von 1 verschiedenes Quadrat teilbar ist.

Aus dieser Definition folgt unmittelbar

Satz 14: μ ist multiplikativ.

Satz 15: Für die Möbiussche Funktion gilt

$$\sum_{d \mid n} \mu(d) = \begin{cases} 1, & \text{falls } n=1 \\ 0, & \text{falls } n>1. \end{cases}$$

Beweis: Es habe $n > 1$ die kanonische Zerlegung $n = \prod_{i=1}^{m} p_i^{a_i}$.

Die einzigen Teiler d von n, für welche $\mu(d) \neq 0$ ist, sind

$$1, p_1, p_2, \dots, p_k, p_i p_j \ (i \neq j),\ p_i p_j p_k \ (i \neq j \neq k \neq i), \dots, p_1 p_2 \dots p_m;$$

folglich ist

$$\sum_{d \mid n} \mu(d) = \mu(1) + \sum_i \mu(p_i) + \sum_{i<j} \mu(p_i p_j) + \dots + \mu(p_1 p_2 \dots p_m),$$

also

$$\sum_{d|n} \mu(d) = 1 - \binom{m}{1} + \binom{m}{2} - \binom{m}{3} + \dots = (1-1)^m = 0.$$

Man könnte auch die Möbiussche Funktion durch Satz 15 definieren, und daraus die Eigenschaften (I), (II) und (III) ableiten.

Die wichtigsten Anwendungen dieser Funktion sind die sogenannten Möbiusschen Umkehrformeln.

Satz 16 (Erste Umkehrformel): Ist f eine zahlentheoretische Funktion, und

$$g(n) = \sum_{d|n} f(d),$$

so gilt

$$f(n) = \sum_{d|n} \mu(d) g\left(\frac{n}{d}\right).$$

Beweis:

$$\sum_{d|n} \mu(d) g\left(\frac{n}{d}\right) = \sum_{d|n} \mu(d) \sum_{d'|\frac{n}{d}} f(d')$$

$$= \sum_{dd'|n} \mu(d) f(d') = \sum_{d'|n} f(d') \sum_{d|\frac{n}{d'}} \mu(d)$$

$$= f(n), \quad \text{nach Satz 15.}$$

Es gibt eine Umkehrung von Satz 16, nämlich

Satz 17: Gilt

$$h(n) = \sum_{d|n} \mu(d) f\left(\frac{n}{d}\right),$$

so ist

$$f(n) = \sum_{d|n} h(d).$$

<u>Beweis</u>: Durchläuft d alle Teiler von n, so auch $\frac{n}{d}$. Folglich können wir schreiben

$$\sum_{d|n} h(d) = \sum_{d|n} h\left(\frac{n}{d}\right) = \sum_{d|n} \sum_{d'|\frac{n}{d}} \mu\left(\frac{n}{dd'}\right) f(d')$$

$$= \sum_{dd'|n} \mu\left(\frac{n}{dd'}\right) f(d') = \sum_{d'|n} f(d') \sum_{d|\frac{n}{d'}} \mu\left(\frac{n}{dd'}\right)$$

$$= f(n).$$

Als Anwendung der ersten Umkehrformel betrachten wir die Identität

$$\sum_{d|n} \varphi(d) = n,$$

die wir als Satz II.6 bewiesen haben; unter Anwendung von Satz 16 bekommen wir die Darstellung

$$\varphi(n) = \sum_{d|n} \mu(d)\frac{n}{d} = n \sum_{d|n} \frac{\mu(d)}{d}. \tag{8}$$

Als weitere Anwendung betrachten wir die <u>von Mangoldtsche Funktion</u> Λ, definiert durch

$$\Lambda(n) = \begin{cases} \log p, & \text{falls } n \text{ eine Primzahlpotenz } p^m \ (m>0) \text{ ist,} \\ 0 & \text{sonst.} \end{cases}$$

<u>Satz 18</u>: $\sum_{d|n} \Lambda(d) = \log n.$

<u>Beweis</u>: Die ganze Zahl $n > 1$ habe die kanonische Zerlegung $n = \prod_{i=1}^{r} p_i^{a_i}$. Nach Definition von Λ gilt dann

$$\sum_{d|n} \Lambda(d) = \sum_{i=1}^{r} \sum_{a=1}^{a_i} \Lambda(p_i^{a}) = \sum_{i=1}^{r} a_i \log p_i = \log n.$$

Die erste Umkehrformel liefert zusammen mit Satz 18:

$$\Lambda(n) = \sum_{d|n} \mu(d) \log \frac{n}{d}.$$

Wegen $\sum_{d|n} \mu(d) = 0$ für $n > 1$ (Satz 15), folgt daraus

$$\Lambda(n) = -\sum_{d|n} \mu(d) \log d. \tag{9}$$

Satz 19 (Zweite Umkehrformel): Sind f und g für $x > 0$ definiert, und gilt

$$g(x) = \sum_{n \leq x} f\left(\frac{x}{n}\right),$$

so gilt auch

$$f(x) = \sum_{n \leq x} \mu(n) g\left(\frac{x}{n}\right),$$

und umgekehrt.

Beweis: Aus der Definition von g folgt

$$\sum_{n \leq x} \mu(n) g\left(\frac{x}{n}\right) = \sum_{n \leq x} \mu(n) \sum_{m \leq \frac{x}{n}} f\left(\frac{x}{mn}\right) = \sum_{\substack{m,n \\ 1 \leq mn \leq x}} \mu(n) f\left(\frac{x}{mn}\right).$$

Wir ordnen diese Summe um, indem wir diejenigen Glieder, für welche $mn = r$, $1 \leq r \leq x$, zusammenfassen. Wir erhalten

$$\sum_{\substack{m,n \\ 1 \leq mn \leq x}} \mu(n) f\left(\frac{x}{mn}\right) = \sum_{1 \leq r \leq x} f\left(\frac{x}{r}\right) \sum_{n|r} \mu(n) = f(x).$$

Beweis der Umkehrung: Sei $f(x) = \sum_{n \leq x} \mu(n) g\left(\frac{x}{n}\right)$;

dann ist

$$\sum_{n\leq x} f\left(\frac{x}{n}\right) = \sum_{n\leq x} \sum_{m\leq \frac{x}{n}} \mu(n) g\left(\frac{x}{mn}\right) = \sum_{\substack{m,n \\ 1\leq mn\leq x}} \mu(n) g\left(\frac{x}{mn}\right).$$

Diese letzte Summe lässt sich wie oben schreiben als

$$\sum_{r\leq x} g\left(\frac{x}{r}\right) \sum_{n|r} \mu(n) = g(x).$$

<u>Die Eulersche Funktion</u>

Wir kehren jetzt zur Eulerschen φ - Funktion zurück. Wir wissen, dass $\varphi(n) < n$ für $n > 1$ ist. Andererseits gilt, für $n = p^m$ mit $p > \frac{1}{\varepsilon}$, $0 < \varepsilon < 1$,

$$\varphi(n) = n(1 - \frac{1}{p}) > n(1 - \varepsilon).$$

Aus diesen beiden Ungleichungen folgt

<u>Satz 20</u>: $$\overline{\lim_{n\to\infty}} \frac{\varphi(n)}{n} = 1.$$

Ein weiteres Ergebnis über die Grössenordnung von φ liefert

<u>Satz 21</u>: Für jedes $\delta > 0$ gilt $\frac{\varphi(n)}{n^{1-\delta}} \to \infty$ für $n \to \infty$.

<u>Beweis</u>: (Der Satz ist für $\delta > 1$ trivial).

Sei $f(n) = \frac{n^{1-\delta}}{\varphi(n)}$; wir wenden Satz 6 auf die Funktion f an. Für jedes $\delta > 0$ gilt

$$\frac{1}{f(p^m)} = \frac{\varphi(p^m)}{p^{m(1-\delta)}} = p^{m\delta}(1 - \frac{1}{p}) \geq \frac{1}{2} p^{m\delta} \to \infty$$

für $p^m \to \infty$.

Aus Satz 21 folgt, dass die Aussage $\varphi(n) = O(n^{\Delta})$ für jedes $\Delta < 1$ falsch ist.

Die durchschnittliche Grössenordnung von $\varphi(n)$

Wir betrachten jetzt das asymptotische Verhalten der Funktion

$$\Phi(t) = \sum_{1 \leqslant n \leqslant t} \varphi(n),$$

und beweisen den

Satz 22: $$\Phi(t) = \frac{3}{\pi^2} t^2 + O(t \log t).$$

Beweis: Zunächst deuten wir $\Phi(t)$ als Anzahl Gitterpunkte in einem gewissen Bereich. Es gilt

$$\Phi(t) = \sum_{1 \leqslant n \leqslant t} \sum_{\substack{1 \leqslant m \leqslant n \\ (m,n)=1}} 1 = \sum_{\substack{1 \leqslant m \leqslant n \leqslant t \\ (m,n)=1}} 1,$$

und damit sieht man, dass $\Phi(t)$ gleich der Anzahl Gitterpunkte mit teilerfremden Koordinaten im rechtwinkligen Dreieck $0 < y \leqslant x \leqslant t$ ist.

Wir betrachten nun das Quadrat $0 < x \leqslant t$, $0 < y \leqslant t$; es wird von der Geraden $x = y$ in zwei gleiche rechtwinklige Dreiecke geteilt; die beiden enthalten gleich viele Gitterpunkte mit teilerfremden Koordinaten. Eines der Dreiecke ist das Dreieck $0 < y \leqslant x \leqslant t$. Der einzige Gitterpunkt mit teilerfremden Koordinaten auf der Geraden $x = y$ ist offenbar $x = y = 1$.

Folglich gilt, wenn $\Psi(t)$ die Anzahl Gitterpunkte mit teilerfremden Koordinaten im obigen Quadrat bezeichnet,

$$\Psi(t) = 2\Phi(t) - 1, \tag{10}$$

denn der Punkt $x = y = 1$ wird zu beiden Dreiecken gezählt.

Nun ist die gesamte Anzahl Gitterpunkte im Quadrat $0 < x \leq t,\ 0 < y \leq t$ gleich $[t]^2$:

$$[t]^2 = \sum_{\substack{0<m\leq t\\0<n\leq t}} 1.$$

Wir können sämtliche Gitterpunkte des Quadrates nach dem grössten gemeinsamen Teiler ihrer Koordinaten m und n ordnen:

$$[t]^2 = \sum_{1\leq d\leq t}\ \sum_{\substack{0<m\leq t\\0<n\leq t\\(m,n)=d}} 1. \tag{11}$$

Jetzt betrachten wir die Summe $\sum_{\substack{0<m\leq t\\0<n\leq t\\(m,n)=d}} 1$: es gilt $(m,n) = d$ genau dann, wenn $\left(\frac{m}{d}, \frac{n}{d}\right) = 1$. Also besteht eine eindeutige Zuordnung zwischen den Gitterpunkten mit Koordinaten m,n, die die Bedingungen

$$0 < m \leq t, \quad 0 < n \leq t, \quad (m,n) = d$$

erfüllen und den Paaren m',n' ganzer Zahlen mit

$$0 < m' \leq \frac{t}{d}, \quad 0 < n' \leq \frac{t}{d}, \quad (m',n') = 1.$$

Nach Definition von ψ gibt es genau $\psi\left(\frac{t}{d}\right)$ solche Paare m',n', somit lässt sich (11) als

$$[t]^2 = \sum_{1\leq d\leq t} \psi\left(\frac{t}{d}\right) \tag{12}$$

schreiben. Da wir $\psi(t)$ suchen, wenden wir auf (12) die

zweite Möbiussche Umkehrformel an; es ergibt sich

$$\Psi(t) = \sum_{1 \leq d \leq t} \mu(d) \left[\frac{t}{d}\right]^2 .$$

Nun ist $\frac{t}{d} = \left[\frac{t}{d}\right] + \theta$ mit $0 \leq \theta < 1$, und folglich

$$\Psi(t) = \sum_{1 \leq d \leq t} \mu(d) \left\{\frac{t}{d} + O(1)\right\}^2$$

$$= t^2 \sum_{1 \leq d \leq t} \frac{\mu(d)}{d^2} + 2t \cdot O\Big(\sum_{1 \leq d \leq t} \frac{1}{d}\Big) + O\Big(\sum_{1 \leq d \leq t} 1\Big),$$

wegen $|\mu(n)| \leq 1$. Aus Korollar 1 zu Satz 7 wissen wir, dass

$$2t \cdot O\Big(\sum_{1 \leq d \leq t} \frac{1}{d}\Big) = 2t \cdot O\Big(\log t + \gamma + O\big(\tfrac{1}{t}\big)\Big) = O(t \log t);$$

ferner ist $O\Big(\sum_{1 \leq d \leq t} 1\Big) = O(t) = O(t \log t)$. Also haben wir:

$$\Psi(t) = t^2 \sum_{1 \leq d \leq t} \frac{\mu(d)}{d^2} + O(t \log t). \tag{13}$$

Um die Summe in (13) abzuschätzen, bemerken wir zunächst, dass

$$\sum_{1 \leq d \leq t} \frac{\mu(d)}{d^2} = \sum_{d=1}^{\infty} \frac{\mu(d)}{d^2} - \sum_{d=[t]+1}^{\infty} \frac{(d)}{d^2} ,$$

und dass

$$\left|\sum_{[t]+1}^{\infty} \frac{\mu(d)}{d^2}\right| < \sum_{[t]+1}^{\infty} \frac{1}{d^2} < \int_{[t]}^{\infty} \frac{du}{u^2} = \frac{1}{[t]} = O\big(\tfrac{1}{t}\big).$$

Damit erhalten wir aus (13)

$$\Psi(t) = t^2 \sum_{d=1}^{\infty} \frac{\mu(d)}{d^2} + O(t \log t). \tag{14}$$

Die Summe $\sum_{d=1}^{\infty} \frac{\mu(d)}{d^2}$ lässt sich aber genau auswerten.

Wir betrachten dazu die für jedes reelles $s > 1$ konvergente Reihe

$$\zeta(s) = \sum_{n=1}^{\infty} \frac{1}{n^s}.$$

Euler hat bemerkt, dass aus der Eindeutigkeit der kanonischen Zerlegung die Identität

$$\sum_{n=1}^{\infty} \frac{1}{n^s} = \left(1 + \frac{1}{2^s} + \frac{1}{2^{2s}} + \ldots\right)\left(1 + \frac{1}{3^s} + \frac{1}{3^{2s}} + \ldots\right)\ldots$$

$$= \prod_p \left(1 + \frac{1}{p^s} + \frac{1}{p^{2s}} + \ldots\right) \tag{15}$$

folgt, wobei das Produkt über alle Primzahlen p zu erstrecken ist. Denn $\sum_{n=1}^{\infty} \frac{1}{n^s}$ ist für $s > 1$ absolut konvergent, die Reihe darf daher nach Belieben umgeordnet werden. Jede ganze Zahl $n > 1$ besitzt eine eindeutige kanonische Zerlegung

$$n = p_1^{a_1} p_2^{a_2} \ldots p_r^{a_r},$$

also ist auch die Darstellung

$$\frac{1}{n^s} = \frac{1}{p_1^{a_1 s}} \cdot \frac{1}{p_2^{a_2 s}} \cdots \frac{1}{p_r^{a_r s}}$$

eindeutig. Folglich erscheint jeder Summand $\frac{1}{n^s}$ genau einmal, wenn man das Produkt in (15) ausmultipliziert.

Indem wir jetzt die geometrischen Reihen summieren, die als Faktoren dieses Produktes auftreten, erhalten wir die Eulersche Identität

$$\zeta(s) = \sum_{n=1}^{\infty} \frac{1}{n^s} = \prod_p \left(1 - \frac{1}{p^s}\right)^{-1}, \quad s > 1, \tag{16}$$

wobei das Produkt über alle Primzahlen erstreckt wird.

Mit (16) haben wir

$$\frac{1}{\zeta(s)} = \prod_p \left(1 - \frac{1}{p^s}\right) = \left(1 - \frac{1}{2^s}\right)\left(1 - \frac{1}{3^s}\right)\left(1 - \frac{1}{5^s}\right)\cdots$$

$$= \sum_{n=1}^{\infty} \frac{\mu(n)}{n^s}, \qquad s > 1,$$

nach Definition von μ. Setzen wir jetzt $s = 2$, so haben wir

$$\sum_{n=1}^{\infty} \frac{\mu(n)}{n^2} = \frac{1}{\zeta(2)}.$$

Es ist aber $\zeta(2) = \sum_{n=1}^{\infty} \frac{1}{n^2} = \frac{\pi^2}{6}$; in (14) eingesetzt ergibt dies

$$\Psi(t) = \frac{6}{\pi^2}t^2 + O(t \log t);$$

dann folgt aus (10)

$$\Phi(t) = \frac{3}{\pi^2} t^2 + O(t \log t), \tag{17}$$

was wir zeigen wollten.

Eine Beziehung zwischen φ und σ

Es ist interessant festzustellen, dass Ergebnisse über die Grössenordnung von φ Ergebnisse über diejenige von σ, und umgekehrt, liefern. Diese Bemerkung ist eine Folgerung von

Satz 23: Es gibt eine positive Konstante C derart, dass

$$C < \frac{\sigma(n)\varphi(n)}{n^2} < 1. \tag{18}$$

Beweis: Ist $n = \prod_{p|n} p^a$, so wissen wir nach (7), dass

$$\sigma(n) = \prod_{p|n} \frac{p^{a+1} - 1}{p - 1} = n \prod_{p|n} \frac{1 - p^{-a-1}}{1 - p^{-1}}.$$

Ferner gilt $\varphi(n) = n\prod_{p|n}\left(1 - \frac{1}{p}\right)$, also ist

$$\frac{\sigma(n)\varphi(n)}{n^2} = \prod_{p|n}\left(1 - \frac{1}{p^{a+1}}\right).$$

Offensichtlich ist $\prod_{p|n}\left(1 - \frac{1}{p^{a+1}}\right) < 1$, womit die rechte Seite von (18) bewiesen ist. Andererseits gilt

$$\prod_{p|n}\left(1 - \frac{1}{p^{a+1}}\right) \geq \prod_{p|n}\left(1 - \frac{1}{p^2}\right),$$

und wegen $1 - \frac{1}{p^2} < 1$ ist

$$\prod_{p|n}\left(1 - \frac{1}{p^2}\right) > \prod_{p}\left(1 - \frac{1}{p^2}\right),$$

wobei das Produkt rechts über alle Primzahlen erstreckt wird.

Aus der Eulerschen Identität (16) folgt nun

$$\frac{\sigma(n)\,\varphi(n)}{n^2} > \frac{6}{\pi^2},$$

womit Satz 23 bewiesen ist, mit $C = \frac{6}{\pi^2}$.

KAPITEL VII. - DER SATZ VON CHEBYCHEV UEBER DIE VERTEILUNG DER PRIMZAHLEN

Im Kapitel I wurde bewiesen, dass es unendlich viele Primzahlen gibt. Der Primzahlsatz, den wir im Kapitel XI beweisen werden, besagt viel mehr: Die Primzahlfunktion

$$\pi(x) = \sum_{p \leq x} 1$$

und die Funktion $x/\log x$ sind asymptotisch gleich:

$$\lim_{x \to \infty} \frac{\pi(x)}{x/\log x} = 1.$$

Euler hat gezeigt, dass die Summe $\sum \frac{1}{p}$ der Reziproken aller Primzahlen divergiert; daraus folgt unmittelbar, dass es unendlich viele Primzahlen gibt.

Wir beweisen zuerst den

Satz 1: Die Summe $\sum \frac{1}{p}$ und das Produkt $\prod \left(1 - \frac{1}{p}\right)^{-1}$ sind beide divergent (p durchlaufe alle Primzahlen).

Beweis: Zunächst beweisen wir, dass das Produkt divergiert, und zeigen dann, dass daraus die Divergenz der Summe folgt. Es sei

$$P(x) = \prod_{p \leq x} \left(1 - \frac{1}{p}\right)^{-1} \quad \text{und} \quad S(x) = \sum_{p \leq x} \frac{1}{p}, \quad x \geq 2.$$

Ist u eine reelle Zahl, $0 < u < 1$, und m eine positive ganze Zahl, so gilt

$$\frac{1}{1-u} > \frac{1-u^{m+1}}{1-u} = 1 + u + \ldots + u^m.$$

Wir setzen speziell $u = \frac{1}{p}$ (p eine Primzahl) und betrachten für jedes $p \leq x$ die entsprechende Ungleichung. Multipliziert man diese Ungleichungen miteinander, so ergibt sich

$$P(x) > \prod_{p \leq x} \left(1 + \frac{1}{p} + \ldots + \frac{1}{p^m}\right).$$

Wir wählen jetzt m so, dass $2^m \geq x$. Es ist dann:

$$\prod_{p \leq x} \left(1 + \frac{1}{p} + \ldots + \frac{1}{p^m}\right) > \sum_{n=1}^{[x]} \frac{1}{n} ,$$

denn die $p \leq x$ sind die einzig möglichen Primfaktoren der ganzen Zahlen n mit $1 < n \leq [x]$, und die Ungleichung $2^m \geq x$ sichert, dass jeder Summand rechts in der Entwicklung des Produktes links vorkommt.

Somit haben wir

$$P(x) > \sum_{n=1}^{[x]} \frac{1}{n} > \int_1^{[x]+1} \frac{du}{u} > \log x ,$$

also ist das Produkt $\prod \left(1 - \frac{1}{p}\right)^{-1}$ divergent.

Um die Divergenz der Summe nachzuweisen, betrachten wir die Reihe

$$\log \left(\frac{1}{1 - u}\right) = u + \frac{u^2}{2} + \frac{u^3}{3} + \ldots \qquad (-1 \leq u < 1).$$

Für $u > 0$ besteht die Ungleichung

$$\log \left(\frac{1}{1 - u}\right) - u < \frac{1}{2} \left(u^2 + u^3 + u^4 + \ldots\right).$$

Die geometrische Reihe rechts konvergiert für $|u| < 1$,

und man erhält

$$\log \left(\frac{1}{1-u}\right) - u < \frac{u^2}{2(1-u)} \qquad (0 < u < 1).$$

Wir setzen $u = \frac{1}{p}$ für alle $p \leq x$, und addieren die entstehenden Ungleichungen. Wir erhalten

$$\log P(x) - S(x) < \frac{1}{2} \sum_{p \leq x} \frac{1}{p(p-1)} < \frac{1}{2} \sum_{n=2}^{\infty} \frac{1}{n(n-1)} = \frac{1}{2},$$

und damit

$$S(x) > \log P(x) - \frac{1}{2} > \log \log x - \frac{1}{2};$$

folglich divergiert auch die Summe $\sum \frac{1}{p}$.

<u>Die Chebychevschen Funktionen ϑ und ψ</u>

Wir führen zwei neue Funktionen ein:

$$\vartheta(x) = \sum_{p \leq x} \log p \tag{1}$$

und

$$\psi(x) = \sum_{p^m \leq x} \log p . \tag{2}$$

Die zweite Definition ist folgendermassen zu verstehen: $\log p$ tritt in der Summe genau m-mal auf, wenn p^m die höchste Potenz von p ist, welche x nicht überschreitet. Zum Beispiel ist $\psi(10) = 3 \log 2 + 2 \log 3 + \log 5 + \log 7$.

Im Kapitel VI wurde die von Mangoldtsche Funktion

$$\Lambda(n) = \begin{cases} \log p, & \text{falls } n = p^m \\ 0 & \text{sonst} \end{cases}$$

eingeführt; aus (2) ergibt sich sofort

$$\psi(x) = \sum_{n \leq x} \Lambda(n) . \tag{3}$$

Ferner folgt aus den Definitionen (1) und (2), dass

$$\vartheta(x) = \log \text{ (Produkt aller Primzahlen } p \leq x),$$

und

$$\psi(x) = \log \text{ (kleinstes gem. Vielfaches aller positiven ganzen Zahlen } \leq x).$$

Es sind $p^m \leq x$ und $p \leq x^{1/m}$ äquivalent, d.h. aus (2) folgt die Beziehung

$$\psi(x) = \vartheta(x) + \vartheta(x^{1/2}) + \vartheta(x^{1/3}) + \dots \quad : \tag{4}$$

die Reihe ist endlich, denn $\vartheta(x) = 0$ für $x < 2$.

Ist $p^m \leq x < p^{m+1}$, so kommt $\log p$ genau m-mal in $\psi(x)$ vor. Ferner folgt aus $p^m \leq x < p^{m+1}$ mit m ganz, dass $m = \left[\frac{\log x}{\log p}\right]$. Wir haben damit eine vierte Darstellung von $\psi(x)$:

$$\psi(x) = \sum_{p \leq x} \left[\frac{\log x}{\log p}\right] \log p . \tag{5}$$

Es gibt einen Zusammenhang zwischen den Funktionen

$$\frac{\pi(x)}{x/\log x}, \quad \frac{\vartheta(x)}{x}, \quad \frac{\psi(x)}{x},$$

welcher in dem folgenden Satz zum Ausdruck kommt:

<u>Satz 2</u>: Es strebe $x \to \infty$; dabei sei

$$l_1 = \underline{\lim} \frac{\pi(x)}{x/\log x}, \qquad L_1 = \overline{\lim} \frac{\pi(x)}{x/\log x},$$

$$l_2 = \underline{\lim} \frac{\vartheta(x)}{x}, \qquad L_2 = \overline{\lim} \frac{\vartheta(x)}{x},$$

$$l_3 = \underline{\lim} \frac{\psi(x)}{x}, \qquad L_3 = \overline{\lim} \frac{\psi(x)}{x}.$$

Dann gilt $l_1 = l_2 = l_3$ und $L_1 = L_2 = L_3$.

<u>Beweis</u>: Aus (4) folgt $\vartheta(x) \leq \psi(x)$, und aus (5)

$$\psi(x) \leq \sum_{p \leq x} \frac{\log x}{\log p} \log p = \log x \sum_{p \leq x} 1,$$

das heisst

$$\psi(x) \leq \pi(x) \log x.$$

Wir haben also

$$\vartheta(x) \leq \psi(x) \leq \pi(x) \log x ;$$

indem wir durch x teilen und $x \to \infty$ streben lassen, erhalten wir

$$L_2 \leq L_3 \leq L_1. \tag{6}$$

Nun wählen wir eine reele Zahl α, $0 < \alpha < 1$, und halten sie im folgenden fest. Ferner sei $x > 1$. Dann ist

$$\vartheta(x) \geq \sum_{x^\alpha < p \leq x} \log p,$$

und weil $\log p > \log x^{\alpha}$,

$$\vartheta(x) > \alpha \log x \sum_{x^{\alpha} < p \leq x} 1 ;$$

dies ist gleichbedeutend mit

$$\vartheta(x) > \alpha \log x \left[\pi(x) - \pi(x^{\alpha})\right].$$

Aus der trivialen Abschätzung $\pi(x^{\alpha}) < x^{\alpha}$ folgt dann

$$\vartheta(x) > \alpha\pi(x) \log x - \alpha x^{\alpha} \log x,$$

also

$$\frac{\vartheta(x)}{x} > \alpha\pi(x) \frac{\log x}{x} - \alpha \frac{\log x}{x^{1-\alpha}} .$$

Wegen $0 < \alpha < 1$ strebt $\frac{\log x}{x^{1-\alpha}} \to 0$ für $x \to \infty$; daraus folgt $L_2 > \alpha L_1$, für jede reelle Zahl α, $0 < \alpha < 1$. Folglich ist $L_2 \geq L_1$, und mit (6) ergibt sich: $L_1 = L_2 = L_3$.

Analog beweist man, dass $l_1 = l_2 = l_3$.

Aus Satz 2 folgt: Wenn eine der Funktionen

$$\frac{\pi(x)}{x/\log x}, \quad \frac{\vartheta(x)}{x}, \quad \frac{\psi(x)}{x}$$

für $x \to \infty$ einen Grenzwert besitzt, so auch die beiden anderen, und zwar den selben Grenzwert. Um den Primzahlsatz zu beweisen, genügt es also zu zeigen, dass $\psi(x) \sim x$.

Der Satz von Chebychev

Unter Anwendung von Satz 2 beweisen wir den

Satz 3: Es gibt zwei Konstanten a und A mit $0 < a < A$ derart, dass für genügend grosses x gilt:

$$a \frac{x}{\log x} < \pi(x) < A \frac{x}{\log x}.$$

Beweis: Sei $l = \underline{\lim}_{x\to\infty} \frac{\pi(x)}{x/\log x}$ und $L = \overline{\lim}_{x\to\infty} \frac{\pi(x)}{x/\log x}$.

Satz 3 ist bewiesen, wenn wir gezeigt haben, dass die beiden Ungleichungen $L \leq 4 \log 2$ und $l \geq \log 2$ gelten.
Nach Satz 2 sind diese Ungleichungen äquivalent mit:

$$L = \overline{\lim}_{x\to\infty} \frac{\vartheta(x)}{x} \leq 4 \log 2 \tag{7}$$

und

$$l = \underline{\lim}_{x\to\infty} \frac{\psi(x)}{x} \geq \log 2. \tag{8}$$

Beweis von (7): Der Binomialkoeffizient

$$N = \binom{2n}{n} = \frac{(n+1)(n+2)\ldots 2n}{1\cdot 2\cdot 3\ldots n}$$

hat folgende Eigenschaften:

(i) N ist eine ganze Zahl, die als Binomialkoeffizient in der Entwicklung von $(1 + 1)^{2n}$ auftritt. Ferner ist N das grösste Glied dieser $(2n + 1)$-gliedrigen Entwicklung. Folglich gilt

$$N < 2^{2n} \quad \text{und} \quad 2^{2n} < (2n+1)N. \tag{9}$$

(ii) N ist durch das Produkt aller Primzahlen p, $n < p \leq 2n$, teilbar; denn jede solche Primzahl erscheint im Zähler von N und der Nenner von N ist offenbar durch keine Primzahl $p > n$ teilbar.

Wegen (ii) muss $N \geq \prod_{n<p\leq 2n} p$ sein, und somit ist

$$\log N \geq \sum_{n<p\leq 2n} \log p = \vartheta(2n) - \vartheta(n).$$

Aus (9) folgt ferner: $\log N < 2n \log 2$. Es gilt also

$$\vartheta(2n) - \vartheta(n) < 2n \log 2. \qquad (10)$$

Setzen wir der Reihe nach $n = 1, 2, 2^2, \ldots, 2^{m-1}$ in (10) ein, so erhalten wir durch Addition der entstehenden Ungleichungen die Abschätzung

$$\vartheta(2^m) - \vartheta(1) < \log 2 \sum_{r=1}^{m} 2^r < 2^{m+1} \log 2,$$

oder

$$\vartheta(2^m) < 2^{m+1} \log 2, \qquad (11)$$

denn $\vartheta(1) = 0$.

Es sei nun $x > 1$, und die ganze Zahl m sei so gewählt, dass $2^{m-1} \leq x < 2^m$. Die Funktion ϑ ist offenbar nichtabnehmend; mit (11) folgt

$$\vartheta(x) \leq \vartheta(2^m) < 2^{m+1} \log 2 \leq 4x \log 2.$$

Es ist also

$$\frac{\vartheta(x)}{x} < 4 \log 2,$$

und daraus folgt

$$L = \overline{\lim_{x\to\infty}} \frac{\vartheta(x)}{x} \leq 4 \log 2.$$

<u>Beweis von (8)</u>: In diesem Beweis folgen wir einem ganz anderen Gedankengang. Es wird eine wichtige Formel benützt, die besagt, wie oft eine gegebene Primzahl p die Zahl $m!$ teilt.

Wir sagen, die Primzahl p teile die ganze Zahl n genau s-mal, wenn $p^s | n$, aber $p^{s+1} \nmid n$.

<u>Lemma</u>: Die Primzahl p teilt $m!$ genau $\left[\frac{m}{p}\right] + \left[\frac{m}{p^2}\right] + \left[\frac{m}{p^3}\right] + \ldots$ mal. (Die Reihe ist endlich, denn $[x] = 0$ für $0 \leq x < 1$).

<u>Beweis</u>: Unter den Zahlen $1, 2, \ldots, m$ sind genau $\left[\frac{m}{p}\right]$ durch p teilbar, nämlich

$$p, 2p, \ldots, \left[\frac{m}{p}\right]p. \tag{12}$$

Die durch p^2 teilbaren Zahlen der erstgenannten Folge (Teilmenge von (12)) sind

$$p^2, 2p^2, \ldots, \left[\frac{m}{p^2}\right]p^2, \tag{13}$$

ihre Anzahl ist $\left[\frac{m}{p^2}\right]$.

Und so weiter.

Genau $\left[\frac{m}{p^r}\right] - \left[\frac{m}{p^{r+1}}\right]$ Zahlen sind durch p^r, aber nicht durch p^{r+1} teilbar. Folglich teilt p die Zahl $m!$ genau

$$\sum_{r\geq 1} r\left\{\left[\frac{m}{p^r}\right] - \left[\frac{m}{p^{r+1}}\right]\right\} = \sum_{r\geq 1} \left[\frac{m}{p^r}\right] \tag{14}$$

mal.

Wir betrachten nun wieder die ganze Zahl $N = \binom{2n}{n} = \frac{(2n)!}{(n!)^2}$.
Sei p eine beliebige Primzahl, die nicht grösser als $2n$ ist. Der Zähler von N wird genau

$$\left[\frac{2n}{p}\right] + \left[\frac{2n}{p^2}\right] + \ldots$$

mal durch p geteilt. Ferner ist $n!$ genau

$$\left[\frac{n}{p}\right] + \left[\frac{n}{p^2}\right] + \ldots$$

mal durch p teilbar, folglich teilt p den Nenner $(n!)^2$ von N genau

$$2\left\{\left[\frac{n}{p}\right] + \left[\frac{n}{p^2}\right] + \ldots\right\}$$

mal. Somit ist N genau

$$\nu_p = \sum_{r \geq 1} \left\{\left[\frac{2n}{p^r}\right] - 2\left[\frac{n}{p^r}\right]\right\}$$

mal durch p teilbar. Mit dieser Bezeichnung schreiben wir

$$N = \prod_{p \leq 2n} p^{\nu_p}.$$

Die Reihe für ν_p bricht ab, sobald $2n < p^r$, das heisst (weil r eine ganze Zahl ist), sobald

$$r > \left[\frac{\log 2n}{\log p}\right].$$

Wir haben also

$$\nu_p = \sum_{r=1}^{M_p} \left\{\left[\frac{2n}{p^r}\right] - 2\left[\frac{n}{p^r}\right]\right\}, \qquad \text{mit} \qquad M_p = \left[\frac{\log 2n}{\log p}\right]. \tag{15}$$

Für jedes $y \geq 0$ gilt aber:

$$[y] \leq y < [y] + 1, \quad \text{oder} \quad 2[y] \leq 2y < 2[y] + 2,$$

und

$$[2y] \leq 2y < [2y] + 1.$$

Aus diesen beiden Ungleichungen folgt $-1 < [2y] - 2[y] < 2$, also ist

$$[2y] - 2[y] \quad \text{gleich} \quad 0 \quad \text{oder} \quad 1. \tag{16}$$

Mit (16) folgt aus (15), dass $\nu_p \leq M_p$, und daraus

$$N = \prod_{p \leq 2n} p^{\nu_p} \leq \prod_{p \leq 2n} p^{M_p}. \tag{17}$$

Andererseits ergibt sich aus (5) und (15)

$$\psi(2n) = \sum_{p \leq 2n} \left[\frac{\log 2n}{\log p}\right] \log p = \sum_{p \leq 2n} M_p \log p,$$

also

$$e^{\psi(2n)} = \prod_{p \leq 2n} p^{M_p},$$

d.h. mit (17),

$$\log N \leq \psi(2n).$$

Die Ungleichung (9), in der Form

$$\log N > 2n \log 2 - \log (2n + 1)$$

geschrieben, liefert jetzt für jede positive ganze Zahl n:

$$\psi(2n) > 2n \log 2 - \log (2n + 1). \tag{18}$$

Es sei jetzt x eine reelle Zahl mit $x > 2$, und sei $n = \left[\frac{x}{2}\right] > 1$. Dann gilt $n > \frac{x}{2} - 1$ und $2n \leq x$. Nach (18) ist also

$$\psi(x) \geq \psi(2n) > (x-2) \log 2 - \log (x+1),$$

oder

$$\frac{\psi(x)}{x} > \frac{x-2}{x} \log 2 - \frac{\log (x+1)}{x},$$

und daraus folgt:

$$1 = \underline{\lim}_{x\to\infty} \frac{\psi(x)}{x} \geq \log 2.$$

Damit ist Satz 3 bewiesen.

Eine Folgerung des Satzes von Chebychev

Aus Satz 3 folgt unmittelbar, dass die Anzahl der Primzahlen unendlich ist und sogar, dass die Reihe $\sum \frac{1}{p}$ divergiert.

Sei p_n die n-te Primzahl. Es ist $\pi(p_n) = n$. Für genügend grosses x und ein gewisses $a > 0$ gilt

$\pi(x) > a \frac{x}{\log x}$, d.h. es ist

$$n = \pi(p_n) > a \frac{p_n}{\log p_n} > \sqrt{p_n}$$

für genügend grosses n. Folglich ist $\log p_n < 2 \log n$, und damit

$$a\, p_n < n \log p_n < 2n \log n$$

für genügend grosses n. Also divergiert die Reihe $\sum_{n=1}^{\infty} \frac{1}{p_n}$, wie man durch Vergleich mit der divergenten Reihe

$$\sum_{n=2}^{\infty} \frac{1}{n \log n} \quad \text{sieht.}$$

Die Bertrandsche Vermutung

Chebychev hat als erster die folgende Vermutung von Bertrand bewiesen:

Satz 4 (Bertrandsche Vermutung): Für $n \geq 1$ gibt es stets eine Primzahl p derart, dass $n < p \leq 2n$.

Chebychev benützt für seinen Beweis ähnliche Ueberlegungen wie für den Beweis von Satz 3. Er beweist Satz 4 für grosse n, und verifiziert ihn für kleine Werte von n mit Hilfe einer Primzahltabelle.

Wir werden hier einen Beweis von S.S. Pillai vorführen, der einfacher als der Chebychevsche Beweis ist (weniger Verifikationen, Vermeiden der Stirlingschen Formel für $\Gamma(n)$).

Im Beweis des Satzes von Chebychev haben wir für den Binomialkoeffizient $N = \binom{2n}{n}$ die Ungleichung (9):

$$\frac{2^{2n}}{2n+1} < N < 2^{2n}$$

betrachtet, und mit ihr die Abschätzung (11):

$$\vartheta(2^m) < 2^{m+1} \log 2$$

hergeleitet.

Wir brauchen jetzt die schärfere Ungleichung

$$\frac{2^{2n}}{2\sqrt{n}} < N < \frac{2^{2n}}{\sqrt{2n}} . \tag{19}$$

Mit dieser werden wir zeigen, dass (11) nicht nur für Potenzen von 2, sondern für jedes positive ganze n gilt:

$$\vartheta(n) < 2n \log 2 \quad \text{für} \quad n > 1. \tag{20}$$

Zum Beweis von (19), betrachten wir neben N die Zahl

$$P = \frac{1\cdot 3\cdot 5 \ldots (2n-1)}{2\cdot 4\cdot 6 \ldots (2n)} .$$

Es gilt $2^{2n}\, P = N$, denn

$$P = \frac{1\cdot 3\cdot 5 \ldots (2n-1)}{2\cdot 4\cdot 6 \ldots (2n)} \cdot \frac{2\cdot 4\cdot 6 \ldots (2n)}{2\cdot 4\cdot 6 \ldots (2n)} = \frac{(2n)!}{2^{2n}(n!)^2} .$$

Offenbar ist

$$1 > \left(1 - \frac{1}{2^2}\right)\left(1 - \frac{1}{4^2}\right)\left(1 - \frac{1}{6^2}\right) \ldots \left(1 - \frac{1}{(2n)^2}\right) .$$

Diese Ungleichung lässt sich auch wie folgt schreiben:

$$1 > \left(\frac{1\cdot 3}{2^2}\right)\left(\frac{3\cdot 5}{4^2}\right)\left(\frac{5\cdot 7}{6^2}\right) \ldots \left(\frac{(2n-1)(2n+1)}{(2n)^2}\right) ,$$

oder:

$$1 > (2n+1)\, P^2 > 2n\, P^2 = \frac{2n}{2^{4n}}\, N^2 .$$

Dies ist aber im wesentlichen die rechte Seite von (19).

Für die linke Seite von (19) beginnen wir analog mit

$$1 > \left(1 - \frac{1}{3^2}\right)\left(1 - \frac{1}{5^2}\right)\left(1 - \frac{1}{7^2}\right) \ldots \left(1 - \frac{1}{(2n-1)^2}\right) .$$

Wir erhalten

$$1 > \left(\frac{2\cdot 4}{3^2}\right)\left(\frac{4\cdot 6}{5^2}\right)\left(\frac{6\cdot 8}{7^2}\right)\cdots\left(\frac{(2n-2)\cdot 2n}{(2n-1)^2}\right),$$

das heisst

$$1 > \frac{1}{4n\ P^2} = \frac{2^{4n}}{4n\ N^2}\ .$$

Aus dieser Ungleichung folgt die linke Seite von (19).

<u>Eine Ungleichung für ϑ</u>

Mit Hilfe der rechten Seite von (19) beweisen wir jetzt, dass für alle ganzen Zahlen $n \geq 1$ gilt:

$$\vartheta(n) < 2n \log 2. \tag{20}$$

Für $n = 1$ und $n = 2$ ist (20) trivial. Wir nehmen nun an, (20) sei für ein $n > 2$ richtig und zeigen, dass dann auch

$$\vartheta(2n-1) < 2\,(2n-1)\log 2$$

und folglich

$$\vartheta(2n) = \vartheta(2n-1) < 4n \log 2$$

gilt.

Dazu betrachten wir die ganze Zahl

$$\frac{N}{2} = \frac{1}{2}\binom{2n}{n} = \frac{(2n)!}{(n!)^2}\cdot\frac{n}{2n} = \frac{(2n-1)!}{n!\,(n-1)!} = \binom{2n-1}{n-1}.$$

Sie ist durch alle Primzahlen p des Intervalls $n < p \leq 2n-1$ teilbar, also auch durch ihr Produkt.

Es ergibt sich also

$$\frac{N}{2} > \prod_{n<p\leq 2n-1} p,$$

und durch Logarithmieren,

$$\log \frac{N}{2} > \vartheta(2n - 1) - \vartheta(n).$$

Aus (19) folgt aber

$$\log N < 2n \log 2 - \frac{1}{2} \log 2n.$$

Die beiden letzten Ungleichungen liefern zusammen

$$\vartheta(2n - 1) - \vartheta(n) < (2n - 1) \log 2 - \frac{1}{2} \log 2n.$$

Nach Voraussetzung ist $\vartheta(n) < 2n \log 2$, also haben wir

$$\vartheta(2n - 1) < 2n \log 2 + (2n - 1) \log 2 - \frac{1}{2} \log 2n;$$

daraus folgt, weil $n > 2$, die gewünschte Ungleichung:

$$\vartheta(2n - 1) < 2(2n - 1) \log 2.$$

Wir haben nun bewiesen: Gilt die Ungleichung (20) für eine gewisse positive ganze Zahl n, so ist sie auch für $2n - 1$ und folglich für $2n$ richtig. Gilt also $\vartheta(n) < 2n \log 2$ für jedes n eines Intervalls

$$2^{r-1} < n \leq 2^r, \qquad (r > 1)$$

so auch für jedes n im Intervall

$$2^r < n \leq 2^{r+1}.$$

Im Intervall $2 < n \leqslant 2^2$ ist aber (20) richtig, denn

$$\vartheta(4) = \vartheta(3) = \log 2 + \log 3 = \log 6 < 6 \log 2.$$

Durch vollständige Induktion ergibt sich nun die Ungleichung (20) für alle $n > 2$. Es gilt also

$$\vartheta(n) < 2n \log 2 \quad \text{für ganze} \quad n \geqslant 1.$$

<u>Beweis von Satz 4</u>. Dieser Satz wird wie folgt bewiesen: Wir zeigen, dass für $n \geqslant 2^6$ gilt $\vartheta(2n) - \vartheta(n) > 0$. Für $n < 2^6$ bestätigen wir den Satz mit einer Primzahltabelle.

Wir betrachten wiederum den Binomialkoeffizient

$$N = \binom{2n}{n} = \frac{(2n)!}{(n!)^2} = \prod_{p \leqslant 2n} p^{\nu_p},$$

wobei

$$\nu_p = \sum_{r \geqslant 1} \left\{ \left[\frac{2n}{p^r}\right] - 2\left[\frac{n}{p^r}\right] \right\}.$$

Die Summe

$$\log N = \sum_{p \leqslant 2n} \nu_p \log p \qquad (21)$$

wird durch die folgende Einteilung der Primzahlen $p \leqslant 2n$ in vier Teile zerlegt:

(i) $n < p \leqslant 2n$,

(ii) $\frac{2n}{3} < p \leqslant n$,

(iii) $\sqrt{2n} < p \leqslant \frac{2n}{3}$,

(iv) $p \leqslant \sqrt{2n}$.

Die entsprechenden Summen werden mit $\sum_1, \sum_2, \sum_3, \sum_4$ bezeichnet.

Für $\sum_1$ gilt $\frac{n}{p} < 1$, also $\left[\frac{n}{p}\right] = 0$, und $1 \leq \frac{2n}{p} < 2$, also $\left[\frac{2n}{p}\right] = 1$ und $\left[\frac{2n}{p^2}\right] = 0$. Für $n < p \leq 2n$ folgt $\nu_p = 1$, und man erhält:

$$\sum_1 = \sum_{n<p\leq 2n}{}' \nu_p \log p = \sum_{n<p\leq 2n}{}' \log p = \vartheta(2n) - \vartheta(n). \tag{22}$$

Für $\sum_2$ haben wir $1 \leq \frac{n}{p} < \frac{3}{2}$, also $\left[\frac{n}{p}\right] = 1$ und $\left[\frac{2n}{p}\right] = 2$. Ist $n \geq 3$, so gilt ferner $\left[\frac{2n}{p^2}\right] = 0$. Folglich ist

$$\sum_2 = 0 \quad \text{für} \quad n \geq 3. \tag{23}$$

Für $\sum_3$ haben wir $\frac{n}{p^2} < \frac{2n}{p^2} < 1$, also $\nu_p = \left[\frac{2n}{p}\right] - 2\left[\frac{n}{p}\right] = 0$ oder 1 (vgl. (16)). Daraus ergibt sich

$$\sum_3 \leq \sum_{\sqrt{2n}<p\leq\frac{2n}{3}}{}' \log p = \vartheta\left(\frac{2n}{3}\right) - \vartheta(\sqrt{2n}),$$

und mit

$$\vartheta(\sqrt{2n}) = \sum_{p\leq\sqrt{2n}}{}' \log p \geq \log 2 \sum_{p\leq\sqrt{2n}}{}' 1 = \pi(\sqrt{2n}) \log 2$$

folgt:

$$\sum_3 \leq \vartheta\left(\frac{2n}{3}\right) - \pi(\sqrt{2n}) \log 2. \tag{24}$$

In $\sum_4$ wenden wir die Ungleichung

$$v_p \leqslant M_p = \left[\frac{\log 2n}{\log p}\right] \quad \text{an. Wir erhalten}$$

$$\sum_4 \leqslant \sum_{p \leqslant \sqrt{2n}} M_p \log p \leqslant \sum_{p \leqslant \sqrt{2n}} \frac{\log 2n}{\log p} \log p = \log 2n \sum_{p \leqslant \sqrt{2n}} 1,$$

das heisst

$$\sum_4 \leqslant \pi(\sqrt{2n}) \log 2n. \tag{25}$$

Durch Addieren von (22), (23), (24) und (25) ergibt sich für (21) die Abschätzung

$$\log N \leqslant \vartheta(2n) - \vartheta(n) + \vartheta\left(\frac{2n}{3}\right) - \pi(\sqrt{2n})(\log 2 - \log 2n),$$

die auch als

$$\vartheta(2n) - \vartheta(n) \geqslant \log N - \vartheta\left(\frac{2n}{3}\right) - \pi(\sqrt{2n}) \log n \tag{26}$$

geschrieben werden kann.

Wir beweisen jetzt mit (26), dass $\vartheta(2n) - \vartheta(n) > 0$ für genügend grosse n. Zu diesem Zweck brauchen wir drei Ungleichungen:

(a) Die linke Seite von (19) liefert:
$$\log N > 2n \log 2 - \log 2\sqrt{n}.$$

(b) Nach (20) gilt
$$\vartheta\left(\frac{2n}{3}\right) = \vartheta\left(\left[\frac{2n}{3}\right]\right) < 2\left[\frac{2n}{3}\right] \log 2 \leqslant 2\left(\frac{2n}{3}\right) \log 2.$$

(c) Für $n \geqslant 8$ gilt $\pi(n) \leqslant \frac{n}{2}$, denn jede gerade Zahl ausser 2 ist zusammengesetzt. Für $n \geqslant 32$ ist also
$$\pi(\sqrt{2n}) = \pi([\sqrt{2n}]) \leqslant \frac{1}{2}[\sqrt{2n}] \leqslant \frac{\sqrt{2n}}{2}.$$

In (26) eingesetzt, ergeben (a), (b) und (c) die für $n > 32$ gültige Abschätzung

$$\vartheta(2n) - \vartheta(n) > 2n \log 2 - \log 2\sqrt{n} - \frac{4n}{3} \log 2 - \frac{\sqrt{2n}}{2} \log n,$$

die sich auch als

$$\vartheta(2n) - \vartheta(n) > \left(\frac{2n}{3} - 1\right) \log 2 - \left(\frac{\sqrt{2n} + 1}{2}\right) \log n \tag{27}$$

schreiben lässt. Es bleibt nur noch zu zeigen, dass

$$\left(\frac{2n}{3} - 1\right) \log 2 - \left(\frac{\sqrt{2n} + 1}{2}\right) \log n > 0 \tag{28}$$

für genügend grosses n. Man bestätigt leicht, dass (28) für $n = 2^6$ gilt. Wir werden beweisen, dass diese Ungleichung auch für $n > 2^6$ besteht. Dazu schreiben wir (28) in der Form

$$\sqrt{2n} - \frac{3}{2} \cdot \frac{\log n}{\log 2} - \frac{3\sqrt{2}}{\log 2} \cdot \frac{\log \sqrt{4n}}{\sqrt{4n}} > 0. \tag{29}$$

Nun ersetzt man n durch die reelle Variable x und zeigt, dass beide Funktionen

$$\sqrt{2x} - \frac{3}{2} \cdot \frac{\log x}{\log 2} \quad \text{und} \quad - \frac{3\sqrt{2}}{\log 2} \cdot \frac{\log \sqrt{4x}}{\sqrt{4x}}$$

für $x > 2^6$ eine positive Ableitung besitzen, und daher wachsend sind. Weil ihre Summe für $x = 2^6$ positiv ist, bleibt sie für alle $x > 2^6$ positiv.

Wir haben also

$$\vartheta(2n) - \vartheta(n) > 0 \quad \text{für} \quad n > 2^6, \tag{30}$$

d.h. die Bertrandsche Vermutung ist für $n \geq 2^6 = 64$ richtig.

Abschliessend bemerken wir, dass jede der Primzahlen:

$$2,\ 3,\ 5,\ 7,\ 13,\ 23,\ 43,\ 67 \tag{31}$$

kleiner als das Doppelte ihres Vorgängers ist. Folglich gibt es zu jeder ganzen Zahl $n \leq 66$ mindestens eine Primzahl p mit $n < p \leq 2n$.

Satz 4 ist damit für alle $n \geq 1$ bewiesen.

Eine Identität für zahlentheoretische Funktionen

Die im Kapitel VI bewiesene Eulersche Identität

$$\sum_{n=1}^{\infty} \frac{1}{n^s} = \prod_p (1 - p^{-s})^{-1} \qquad (s \text{ reell, } s > 1) \tag{32}$$

ist ein Spezialfall von

Satz 5: Sei f eine multiplikative zahlentheoretische Funktion, und sei $\sum_{n=1}^{\infty} f(n)$ absolut konvergent. Dann besteht die Identität

$$\sum_{n=1}^{\infty} f(n) = \prod_p \{1 + f(p) + f(p^2) + \dots\}, \tag{33}$$

und das Produkt auf der rechten Seite ist auch absolut konvergent.

Ist f vollständig multiplikativ (d.h. $f(mn) = f(m)f(n)$ für alle ganzen m und n), so gilt

$$\sum_{n=1}^{\infty} f(n) = \prod_p (1 - f(p))^{-1}. \tag{34}$$

Beweis: f ist multiplikativ, also $f(1) = 1$. Sei jetzt

$$P(x) = \prod_{p \leq x} \{1 + f(p) + f(p^2) + \dots\};$$

$P(x)$ ist das Produkt von endlich vielen absolut konvergenten Reihen und kann somit ausmultipliziert werden. Wir erhalten

$$P(x) = \sum f(n'),$$

wobei n' alle positiven ganzen Zahlen durchläuft, die durch keine Primzahl grösser als x teilbar sind.

Setzen wir

$$S = \sum_{n=1}^{\infty} f(n),$$

so ist

$$P(x) - S = -\sum f(n''),$$

wobei n'' alle positiven ganzen Zahlen durchläuft, die durch mindestens eine Primzahl grösser als x teilbar sind. Offenbar gilt $n'' > x$ und damit

$$|P(x) - S| \leq \sum |f(n'')| \leq \sum_{n>x} |f(n)|.$$

Für $x \to \infty$ gilt: $\sum\limits_{n>x} |f(n)| \to 0$, denn $\sum\limits_{n=1}^{\infty} |f(n)|$ ist nach Voraussetzung konvergent.

Es ist also $\lim\limits_{x\to\infty} P(x) = S$, wie in (33) behauptet wurde.

Das Produkt auf der rechten Seite von (33) konvergiert absolut, denn

$$\sum_{p \leq x} |f(p)+f(p^2)+\dots| \leq \sum_{p \leq x} \left(|f(p)|+|f(p^2)|+\dots\right) \leq \sum_{n=2}^{\infty} |f(n)| < \infty. \quad (35)$$

Wir betrachten jetzt den Fall, wo f eine vollständig multiplikative zahlentheoretische Funktion ist. Aus (35) sehen wir, dass die über alle Primzahlen erstreckte Summe

$$\sum_p \left(|f(p)| + |f(p^2)| + \ldots\right).$$

konvergiert. Es gilt aber $f(p^n) = \left(f(p)\right)^n$, denn f ist vollständig multiplikativ; folglich konvergiert

$$\sum_p \left(|f(p)| + |f(p)|^2 + \ldots\right).$$

Jedes Glied dieser Summe ist eine geometrische Reihe, also ist für jede vollständig multiplikative zahlentheoretische Funktion $|f(p)| < 1$.

Wir haben somit:

$$\sum_{n=1}^{\infty} f(n) = \prod_p \left\{1 + f(p) + f(p^2) + \ldots\right\}$$

$$= \prod_p \left\{1 + f(p) + \left(f(p)\right)^2 + \ldots\right\}$$

$$= \prod_p \left(1 - f(p)\right)^{-1}$$

Die Eulersche Identität ergibt sich aus (34), indem man $f(n) = n^{-s}$ setzt. Sei

$$\zeta(s) = \sum_{n=1}^{\infty} \frac{1}{n^s} = \prod_p (1 - p^{-s})^{-1} \qquad (s \text{ reell}, \quad s > 1).$$

Es ist dann

$$\log \zeta(s) = -\sum_p \log (1 - p^{-s}) = \sum_{m,p} \frac{1}{mp^{ms}},$$

wobei p alle Primzahlen und m alle positiven ganzen Zahlen durchläuft (man erhält die letzte Summe aus der Reihenentwicklung von $-\log(1-u)$).

Durch Differenzieren bekommen wir

$$-\frac{\zeta'(s)}{\zeta(s)} = \sum_p \frac{p^{-s}\log p}{1-p^{-s}} = \sum_{m,p} \frac{\log p}{p^{ms}},$$

also

$$-\frac{\zeta'(s)}{\zeta(s)} = \sum_{n=1}^{\infty} \frac{\Lambda(n)}{n^s} \qquad (s \text{ reell}, s > 1). \tag{36}$$

(Es darf gliedweise differenziert werden, denn die beiden Reihen $\sum_p \log(1-p^{-s})$ und $\sum_p \frac{p^{-s}\log p}{1-p^{-s}}$ konvergieren gleichmässig für $s = 1+\delta$, mit $\delta > 0$).

Die rechte Seite von (36) ist eine Dirichletsche Reihe $\sum_{n=1}^{\infty} a_n n^{-s}$; ihre Koeffizienten a_n sind durch die von Mangoldtsche Funktion $\Lambda(n)$ bestimmt. Wir sagen, $-\zeta'(s)/\zeta(s)$ sei eine erzeugende Funktion von $\Lambda(n)$.

Mit Hilfe von (36) werden wir zeigen: Besitzt eine der Funktionen

$$\frac{\pi(x)}{x/\log x}, \quad \frac{\vartheta(x)}{x}, \quad \frac{\psi(x)}{x}$$

für $x\to\infty$ einen Grenzwert, so muss dieser gleich 1 sein. (Wir wissen aus Satz 2, dass diese drei Funktionen denselben Limes besitzen, falls für eine von ihnen überhaupt ein Limes existiert)

Wir werden mit $\psi(x)/x$ arbeiten und die Beziehung $\psi(x) = \sum_{n\leq x} \Lambda(n)$ anwenden.

Zunächst soll die Identität

$$-\frac{\zeta'(s)}{\zeta(s)} = s\int_1^\infty \frac{\psi(x)}{x^{s+1}}\,dx \qquad (s \text{ reell}, \quad s > 1)$$

bewiesen werden. Man kann sie aus der Abelschen Summationsformel herleiten:

Satz 6 (Abel): Sei $0 \leq \lambda_1 \leq \lambda_2 \leq \dots$ eine Folge reeller Zahlen mit $\lambda_n \to \infty$ für $n \to \infty$ und sei $A(x) = \sum_{\lambda_n \leq x} a_n$, wobei $\{a_n\}$ eine Folge komplexer Zahlen ist. Ferner sei $\varphi(x)$ eine komplexwertige Funktion, welche für $x \geq 0$ definiert sei.
Dann gilt

$$\sum_{n=1}^{p} a_n\varphi(\lambda_n) = A(\lambda_p)\varphi(\lambda_p) - \sum_{n=1}^{p-1} A(\lambda_n)[\varphi(\lambda_{n+1}) - \varphi(\lambda_n)]. \tag{37}$$

Besitzt φ eine stetige Ableitung auf $(0,\infty)$, und ist $x \geq \lambda_1$, so lässt sich (37) schreiben als:

$$\sum_{\lambda_n \leq x} a_n\varphi(\lambda_n) = A(x)\varphi(x) - \int_{\lambda_1}^{x} A(t)\varphi'(t)\,dt. \tag{38}$$

Gilt weiter $A(x)\varphi(x) \to 0$ für $x \to \infty$, so ist

$$\sum_{n=1}^{\infty} a_n\varphi(\lambda_n) = -\int_{\lambda_1}^{\infty} A(t)\varphi'(t)\,dt, \tag{39}$$

vorausgesetzt, dass eine der beiden Seiten konvergiert.

Beweis: Wir setzen $A(\lambda_o) = 0$; dann ist

$$\sum_{n=1}^{p} a_n \varphi(\lambda_n) = \sum_{n=1}^{p} [A(\lambda_n) - A(\lambda_{n-1})]\varphi(\lambda_n)$$

$$= A(\lambda_p)\varphi(\lambda_p) - \sum_{n=1}^{p-1} A(\lambda_n)[\varphi(\lambda_{n+1}) - \varphi(\lambda_n)],$$

womit (37) bewiesen ist.

Die Funktion φ besitze eine stetige Ableitung. Sei p die grösste ganze Zahl, für welche $\lambda_p < x$ ist. Die Summe auf der rechten Seite von (37) ist dann gleich

$$\sum_{n=1}^{p-1} A(\lambda_n) \int_{\lambda n}^{\lambda_{n+1}} \varphi'(t)dt.$$

Für $A(\lambda_p)\varphi(\lambda_p)$ erhält man

$$A(\lambda_p)\varphi(\lambda_p) = A(x)\varphi(x) - \int_{\lambda p}^{x} A(t)\varphi'(t)dt,$$

denn $A(t)$ ist eine Treppenfunktion, welche auf dem Intervall $\lambda_p \leqslant t < \lambda_{p+1}$ konstant ist. Durch Einsetzen in (37) ergibt sich (38).

Die Identität

$$-\frac{\zeta'(s)}{\zeta(s)} = s\int_1^\infty \frac{\psi(x)}{x^{s+1}}\,dx \qquad (s \text{ reell}, \; s > 1) \qquad (40)$$

wird nun mit Hilfe von Satz 6 bewiesen. Wir setzen $\lambda_n = n$, $a_n = \Lambda(n)$ und $\varphi(x) = x^{-s}$ (s reell, $s > 1$). Es ist dann $A(x) = \psi(x)$. Für $x \to \infty$ gilt $A(x)\varphi(x) \to 0$, denn es ist $\psi(x) \leqslant \pi(x) \log x < x \log x$ (Beweis von Satz 2) und somit $A(x)\varphi(x) = O(x^{1-s} \log x) = o(1)$ für $x \to \infty$. Aus (39) folgt nun unmittelbar (40).

Nach diesen Vorbereitungen beweisen wir den

Satz 7:
$$\underline{\lim}_{x\to\infty} \frac{\pi(x)}{x/\log x} \leq 1 \leq \overline{\lim}_{x\to\infty} \frac{\pi(x)}{x/\log x} .$$

Beweis: Wir wenden Satz 2 an und beweisen, dass

$$\underline{\lim}_{x\to\infty} \frac{\psi(x)}{x} \leq 1 \leq \overline{\lim}_{x\to\infty} \frac{\psi(x)}{x} .$$

Für jede reelle Zahl $s > 1$ definieren wir $f(s) = -\frac{\zeta'(s)}{\zeta(s)}$. Sei

$$\underline{\lim}_{x\to\infty} \frac{\psi(x)}{x} = l, \qquad \overline{\lim}_{x\to\infty} \frac{\psi(x)}{x} = L,$$

und

$$\underline{\lim}_{s\to 1+0} (s-1)f(s) = l', \qquad \overline{\lim}_{s\to 1+0} (s-1)f(s) = L'.$$

Es gilt selbstverständlich $l \leq L$ und $l' \leq L'$. Wir zeigen nun zuerst, dass $l \leq l' \leq L' \leq L$ und anschliessend, dass $l' = L' = 1$; daraus folgt dann Satz 7.

Wir wählen $B > L$; dann ist $\psi(x)/x < B$ für $x \geq x_o = x_o(B)$. Man kann $x_o > 1$ annehmen. Mit (40) sehen wir, dass für $s > 1$ gilt:

$$f(s) = s\int_1^\infty \frac{\psi(x)}{x^{s+1}}\,dx < s\int_1^{x_o} \frac{\psi(x)}{x^{s+1}}\,dx + s\int_{x_o}^\infty \frac{B}{x^s}\,dx,$$

also

$$f(s) < s\int_1^{x_o} \frac{\psi(x)}{x^{s+1}}\,dx + s\int_1^\infty \frac{B}{x^s}\,dx < s\int_1^{x_o} \frac{\psi(x)}{x^2}\,dx + \frac{sB}{s-1} .$$

Wir schreiben diese letzte Ungleichung in der Form

$$(s-1)f(s) \leq s(s-1)K + sB,$$

wobei

$$\int_1^{x_o} \frac{\psi(x)}{x^2}\,dx = K = K(x_o) = K(x_o, B).$$

Mit $s \to 1+0$ ergibt sich, dass $L' \leq B$. Weil dies für jedes $B > L$ gilt, muss $L' \leq L$ sein. Analog beweist man $l \leq l'$, und somit ist $l \leq l' \leq L' \leq L$.

Wir wollen noch $l' = L' = 1$ beweisen. Dazu zeigen wir, dass

$$\lim_{s\to 1+0} -(s-1)^2\zeta'(s) = 1 \quad \text{und} \quad \lim_{s\to 1+0} (s-1)\zeta(s) = 1 :$$

somit strebt $(s-1)f(s)$ gegen 1, wenn $s \to 1+0$.

Für festes $s > 1$ ist x^{-s} bezüglich x eine abnehmende Funktion. Folglich gilt

$$\int_1^{\infty} \frac{dx}{x^s} < \sum_{n=1}^{\infty} \frac{1}{n^s} < 1 + \int_1^{\infty} \frac{dx}{x^s},$$

das heisst

$$\frac{1}{s-1} < \zeta(s) < \frac{s}{s-1},$$

und daraus folgt $(s-1)\zeta(s) \to 1$ für $s \to 1+0$.

Andererseits ist die Funktion $x^{-s} \log x$ für festes $s > 1$ und für $x \geq e$ abnehmend. Wir erhalten analog

$$-\zeta'(s) = \sum_{n=1}^{\infty} \frac{\log n}{n^s} = \int_1^{\infty} \frac{\log x}{x^s}\,dx + O(1)$$

oder mit der Substitution $x^{s-1} = e^y$,

$$- \zeta'(s) = \frac{1}{(s-1)^2} \int_0^\infty y e^{-y} dy + O(1) = \frac{1}{(s-1)^2} + O(1).$$

Somit haben wir

$$(s-1) f(s) = - \frac{(s-1)^2 \zeta'(s)}{(s-1)\zeta(s)} \to 1 \quad \text{für} \quad s \to 1+0,$$

also $l' = L' = 1$, und Satz 7 ist bewiesen.

Die Mertens'schen Formeln

Zum Schluss dieses Kapitels beweisen wir noch die folgenden asymptotischen Formeln von Mertens:

Satz 8: Für $x \to \infty$ gilt

(I) $\displaystyle\sum_{n \leq x} \frac{\Lambda(n)}{n} = \log x + O(1)$ und $\displaystyle\sum_{p \leq x} \frac{\log p}{p} = \log x + O(1)$,

(II) $\displaystyle\int_1^x \frac{\psi(t)}{t^2} dt = \log x + O(1)$,

(III) $\displaystyle\sum_{p \leq x} \frac{1}{p} = \log \log x + c + O\left(\frac{1}{\log x}\right)$, wobei c eine Konstante bedeutet.

Beweis: Wir brauchen die Stirlingsche Formel

$$\log m! = m \log m + O(1) \quad \text{für} \quad m \to \infty. \tag{41}$$

Wir wissen aus den Sätzen 2 und 3, dass

$$\psi(m) = O(m) \quad \text{für} \quad m \to \infty. \tag{42}$$

Im Beweis von Satz 3 haben wir eine Beziehung (14) benützt, die mit

$$\log m! = \sum_{p^r \leq m} \left[\frac{m}{p^r}\right] \log p = \sum_{n \leq m} \left[\frac{m}{n}\right] \Lambda(n) \tag{43}$$

äquivalent ist.

(1) Für den Beweis von (I) gehen wir von (43) aus und setzen $\frac{m}{n} = \left[\frac{m}{n}\right] + \varepsilon_n$, $0 \leq \varepsilon_n < 1$. Es ergibt sich

$$\log m! = \sum_{n \leq m} \frac{m}{n} \Lambda(n) + O(m).$$

Nun teilen wir durch m, wenden (41) an und erhalten:

$$\sum_{n \leq m} \frac{\Lambda(n)}{n} = \log m + O(1).$$

Die ganze Zahl m darf durch die reelle Variable x ersetzt werden, d.h.

$$\sum_{n \leq x} \frac{\Lambda(n)}{n} = \log x + O(1),$$

womit der erste Teil von (I) bewiesen ist. Der zweite Teil folgt aus

$$\left|\sum_{n \leq x} \frac{\Lambda(n)}{n} - \sum_{p \leq x} \frac{\log p}{p}\right| \leq \sum_{p \leq x} \left(\frac{1}{p^2} + \frac{1}{p^3} + \ldots\right) < \sum_{p} \frac{\log p}{p(p-1)} < \infty.$$

(2) Wir leiten (II) aus (I) wie folgt ab:

Es ist $\psi(t) = \sum_{n \leq t} \Lambda(n)$ und damit

$$\int_1^x \frac{\psi(t)}{t^2}\,dt = \int_1^x \sum_{n \leq t} \Lambda(n) \frac{dt}{t^2} = \sum_{n \leq x} \Lambda(n) \int_n^x \frac{dt}{t^2} = \sum_{n \leq x} \Lambda(n) \left(\frac{1}{n} - \frac{1}{x}\right)$$

$$= \sum_{n \leq x} \frac{\Lambda(n)}{n} - \frac{\psi(x)}{x} .$$

Daraus folgt (II) unter Anwendung von (I) und (42).

(3) Wir beweisen (III) mit Hilfe von (I) und der Abelschen Summationsformel. Es sei

$$A(x) = \sum_{p_n \leq x} a_n = \sum_{p_n \leq x} \frac{\log p_n}{p_n} \quad \text{und} \quad B(x) = \sum_{p_n \leq x} b_n = \sum_{p_n \leq x} \frac{1}{p_n} ,$$

wobei $\{p_n\}$ die wachsende Folge der Primzahlen bedeute.

Sei nun $x \geq 2$. Nach Satz 6 gilt

$$B(x) = \sum_{p_n \leq x} \frac{a_n}{\log p_n} = \frac{A(x)}{\log x} + \int_2^x \frac{A(u)}{u(\log u)^2}\,du.$$

Aus dem zweiten Teil von (I) erhalten wir $A(x) = \log x + E(x)$, mit $|E(x)| < k$ für alle $x \geq 2$. Damit ist

$$B(x) = 1 + \frac{E(x)}{\log x} + \int_2^x \frac{du}{u \log u} + \int_2^x \frac{E(u)}{u(\log u)^2}\,du$$

$$= 1 + \frac{E(x)}{\log x} + (\log\log x - \log\log 2) + \int_2^x \frac{E(u)}{u(\log u)^2}\,du$$

$$= \log\log x + \left(1 - \log\log 2 + \int_2^\infty \frac{E(u)}{u(\log u)^2}\,du\right) + E^*(x) ,$$

wobei $E^*(x) = \frac{E(x)}{\log x} - \int_x^{\infty} \frac{E(u)}{u(\log u)^2}\, du$. Es ist

$$\left| \int_2^{\infty} \frac{E(u)}{u(\log u)^2}\, du \right| < k \int_2^{\infty} \frac{du}{u(\log u)^2} = \frac{k}{\log 2}$$

und

$$|E^*(x)| = \left| \frac{E(x)}{\log x} - \int_x^{\infty} \frac{E(u)}{u(\log u)^2}\, du \right| < \frac{2k}{\log x} \qquad \text{für} \quad x \geq 2.$$

Damit ist (III) bewiesen.

KAPITEL VIII.- DIE WEYLSCHE "GLEICHVERTEILUNG VON ZAHLEN MOD 1" UND DER SATZ VON KRONECKER

Aus Kapitel III wissen wir, dass es zu jeder irrationalen Zahl ξ unendlich viele reduzierte Brüche p/q gibt, für welche $|\xi - p/q| < 1/q^2$ gilt.

Daraus folgt der Satz von Dirichlet, der besagt, dass es zu jeder irrationalen Zahl ξ unendlich viele ganze Zahlen p und q gibt mit der Eigenschaft, dass $q\xi$ beliebig nahe bei p liegt. Denn die obige Ungleichung lässt sich als

$$|q\xi - p| < \frac{1}{q}$$

schreiben; ist ε, $0 < \varepsilon < 1$, gegeben, so bilden wir die ganze Zahl $1 + \left[\frac{1}{\varepsilon}\right]$. Da es unendlich viele reduzierte Brüche p/q gibt, welche die Ungleichung $|q\xi - p| < 1/q$ erfüllen, gibt es bestimmt unendlich viele mit Nenner $q \geq 1 + \left[\frac{1}{\varepsilon}\right]$. Für diese Brüche gilt dann

$$|q\xi - p| < \frac{1}{q} < \varepsilon.$$

Dieser Satz von Dirichlet lässt sich wie folgt verallgemeinern: Seien eine irrationale Zahl ϑ, eine beliebige reelle Zahl α und positive reelle Zahlen N und ε gegeben. Dann gibt es ganze Zahlen n und p derart, dass

$$n > N \quad \text{und} \quad |n\vartheta - p - \alpha| < \varepsilon \tag{1}$$

gilt. Dieses Ergebnis ist der Satz von Kronecker. Für $\alpha = 0$ ergibt sich daraus der oben erwähnte Dirichletsche Satz. Man kann den Satz von Kronecker auch wie folgt interpretieren: Ist $0 < \varepsilon < 1$ und $0 < \alpha < 1$, so bedeutet die Ungleichung (1), dass der Bruchteil $(n\vartheta) = n\vartheta - [n\vartheta]$ von $n\vartheta$ beliebig nahe an α herangebracht werden kann. In anderen Worten, die $(n\vartheta)$ liegen im Intervall $(0,1)$ überall dicht.

Der Satz von Dirichlet erscheint als Spezialfall des Kroneckerschen Satzes; dieser ist seinerseits in einem tieferen Satz von Hermann Weyl enthalten.

Im Kapitel I haben wir die Fareyzerlegung des Kreises kennengelernt. Jetzt wollen wir nochmals die reelle Zahlengerade auf einen Kreis vom Umfang 1 aufrollen. Zwei reelle Zahlen werden dann und nur dann durch denselben Punkt des Kreises dargestellt, wenn sie denselben Bruchteil besitzen; wir sagen auch, sie seien "kongruent modulo 1". Der Satz von Kronecker besagt, dass die Zahlen $n\vartheta$, modulo 1 genommen, überall dicht auf unserem Kreis (oder im Einheitsintervall) liegen; der tiefere Satz von Weyl zeigt, dass sie dort nicht nur überall dicht, sondern sogar "gleichverteilt" sind.

<u>Definition</u> (Weyl): Es seien $\alpha_1, \alpha_2, \ldots, \alpha_n, \ldots$ unendlich viele Punkte auf einem Kreis vom Umfang 1. Ferner sei α ein Teilbogen der Länge $|\alpha|$; n_α bezeichne die Anzahl derjenigen unter den n ersten Punkten $\alpha_1, \alpha_2, \ldots, \alpha_n$, die in α liegen. Die Punktfolge $\{\alpha_n\}$ heisst genau dann auf dem Kreis gleichverteilt, wenn

$$\lim_{n\to\infty} \frac{n_\alpha}{n} = |\alpha| \qquad \text{für jeden Teilbogen } \alpha. \tag{2}$$

Eine gleichverteilte Folge ist offensichtlich auch überall dicht.

Die Definition (2) ist mit der folgenden äquivalent:

$$\lim_{n\to\infty} \frac{1}{n} \sum_{h=1}^{n} f(\alpha_h) = \int_0^1 f(x)\,dx \tag{3}$$

für jede beschränkte , Riemann-integrierbare Funktion f, die periodisch mit der Periode 1 ist.

Beweis:

(a) (3) ⇒ (2). In (3) nehmen wir für f die charakteristische Funktion des Bogens α:

$$f(x) = \begin{cases} 1, & \text{falls } x \in \alpha \\ 0, & \text{falls } x \notin \alpha. \end{cases}$$

Dann ist $\frac{1}{n} \sum_{h=1}^{n} f(\alpha_h) = \frac{n_\alpha}{n}$ und $\int_0^1 f(x)\,dx = |\alpha|$,

also gilt $\lim_{n\to\infty} \frac{n_\alpha}{n} = |\alpha|$; folglich ist $\{\alpha_n\}$ gleichverteilt mod. 1.

(b) (2) ⇒ (3): Es sei $\{\alpha_n\}$ gleichverteilt mod 1, d.h. es gelte (2). Wir zeigen, dass dann auch

$$\lim_{n\to\infty} \frac{1}{n} \sum_{h=1}^{n} f(\alpha_h) = \int_0^1 f(x)\,dx$$

für jede beschränkte, Riemann - integrierbare periodische Funktion f mit der Periode 1 gilt.

In der Tat gilt (3) wenn f die charakteristische Funktion eines Bogens ist, also auch wenn f eine stückweise konstante Funktion (Treppenfunktion) der Periode 1 ist. Nun gibt es zu jeder beschränkten, Riemann - integrierbaren Funktion f zwei Treppenfunktionen f_1, f_2 derart, dass $f_1 \leq f \leq f_2$ gilt, und deren Integrale $\int_0^1 f_1(x)\,dx$, $\int_0^1 f_2(x)\,dx$ sich beliebig wenig voneinander unterscheiden:

$$\int_0^1 (f_2 - f_1)\,dx < \varepsilon.$$

Aus der Gültigkeit von (3) für f_1 folgt

$$\lim_{n\to\infty} \frac{1}{n} \sum_{h=1}^{n} f_1(\alpha_h) = \int_0^1 f_1(x)\,dx \geq \int_0^1 f(x)\,dx - \varepsilon,$$

und für hinreichend grosses n ist daher

$$\frac{1}{n} \sum_{h=1}^{n} f_1(\alpha_h) > \int_0^1 f(x)\,dx - 2\varepsilon.$$

Aus $f \geq f_1$ folgt dann weiter

$$\frac{1}{n} \sum_{h=1}^{n} f(\alpha_h) > \int_0^1 f(x)\,dx - 2\varepsilon$$

für hinreichend grosses n.

Ebenso zeigt man unter Benützung von f_2, dass

$$\frac{1}{n} \sum_{h=1}^{n} f(\alpha_h) < \int_0^1 f(x)\,dx + 2\varepsilon$$

für hinreichend grosses n gilt. Also haben wir

$$\left| \frac{1}{n} \sum_{h=1}^{n} f(\alpha_h) - \int_0^1 f(x)\,dx \right| < 2\varepsilon$$

für hinreichend grosses n, und damit ist unsere Behauptung bewiesen.

Wir beweisen jetzt den

Satz 1 (Weyl): Die Folge $\{\alpha_n\}$ ist dann und nur dann gleichverteilt mod 1, wenn

$$\sum_{h=1}^{n} e(m\alpha_h) = o(n) \quad \text{für jede ganze Zahl } m \neq 0, \tag{4}$$

wobei $e(x) = e^{2\pi ix}$.

Beweis: Wir nehmen zunächst an, die Folge $\{\alpha_n\}$ sei gleichverteilt mod 1 und zeigen, dass dann (4) gilt. Aus (3) folgt, mit $f(x) = e(mx) = e^{2\pi imx}$, wobei m ganz, $m \neq 0$:

$$\lim_{n\to\infty} \frac{1}{n} \sum_{h=1}^{n} e(m\alpha_h) = \int_0^1 e(mx)\,dx = 0,$$

das heisst

$$\sum_{h=1}^{n} e(m\alpha_h) = o(n).$$

Umgekehrt, sei für jedes ganze $m \neq 0$

$$\lim_{n\to\infty} \frac{1}{n} \sum_{h=1} e(m\alpha_h) = 0;$$

wir werden zeigen, dass dann die Folge $\{\alpha_n\}$ gleichverteilt mod 1 ist.

Dazu bemerken wir zuerst, dass (3) insbesondere für $e(0x) = 1$ gilt. Dann, weil (3) für jede Exponentialfunktion $e(mx)$, m ganz, gilt, so auch für eine endliche trigonometrische Reihe

$$f(x) = a_o + (a_1\cos 2\pi x + b_1\sin 2\pi x) + \ldots + (a_m\cos 2\pi mx + b_m\sin 2\pi mx).$$

Bekanntlich lässt sich jede stetige, periodische Funktion der Periode 1 beliebig gut durch eine endliche trigonometrische Reihe approximieren: zu jedem $\varepsilon > 0$ gibt es eine solche Reihe f_ε derart, dass $|f - f_\varepsilon| < \varepsilon$ ausfällt. Setzen wir $f_1 = f_\varepsilon - \varepsilon$ und $f_2 = f_\varepsilon + \varepsilon$, so ist

$$f_1 \leq f \leq f_2 \quad \text{und} \quad \int_0^1 (f_2 - f_1)\,dx = 2\varepsilon;$$

wie oben zeigt man damit, dass (3) aus (4) für stetige, periodische Funktionen f mit der Periode 1 folgt.

Ist nun f eine stückweise konstante Funktion, so können wir zwei stetige Funktionen f_1 und f_2 finden derart, dass $f_1 \leq f \leq f_2$ und $\int_0^1 (f_2 - f_1)\,dx = \varepsilon$; somit folgt (3) aus (4) für stückweise konstante Funktionen f, die periodisch mit der Periode 1 sind.

Daraus folgt schliesslich, wie früher, dass (3) aus (4) für beschränkte, Riemann - integrierbare, periodische Funktionen f mit der Periode 1 folgt.

Unter Anwendung von Satz 1 bewies Weyl den

<u>Satz 2</u>: Ist ξ eine irrationale Zahl; so ist die Folge $\xi, 2\xi, \ldots, h\xi, \ldots$ gleichverteilt mod 1.

<u>Beweis</u>: Sei $m \neq 0$ eine ganze Zahl; wir setzen $m\xi = \eta$. Wir wollen zeigen, dass

$$\sum_{h=1}^{n} e(h\eta) = o(n) \qquad \text{für} \quad n \to \infty.$$

Diese Summe ist eine geometrische, und

$$\left|\sum_{h=1}^{n} e(h\eta)\right| = \left|\frac{e\left((n+1)\eta\right) - e(\eta)}{e(\eta) - 1}\right| \leq \frac{2}{|e(\eta) - 1|} = \frac{1}{|\sin \pi\eta|} ;$$

dabei ist $\eta = m\xi$, und ξ ist irrational. Folglich ist $m\xi$ keine ganze Zahl, also ist

$$\frac{1}{|\sin \pi\eta|} = o(n) \qquad \text{für} \quad n \to \infty.$$

Als Korollar zu Satz 2 sehen wir, dass die Folge $\xi, 2\xi, \ldots, h\xi, \ldots$ (mod 1) erst recht im Intervall $(0,1)$ überall dicht liegt; das ist der eindimensionale Fall des Kroneckerschen Satzes.

Wir bemerken noch, dass falls die Folge $\{\alpha_n\}$ gleichverteilt mod 1 ist, d.h. falls

$$\lim_{n\to\infty} \frac{n_\alpha}{n} = |\alpha| \quad \text{für jeden Teilbogen } \alpha,$$

$\frac{n_\alpha}{n}$ gegen $|\alpha|$ gleichmässig für alle Teilbogen α strebt.

Um dies einzusehen, teilen wir die Kreislinie in endlich viele Teilbogen der Länge $\delta > 0$ ein. Sei D ein solcher Bogen. Dann gibt es zu jedem $\varepsilon > 0$ ein $N(\varepsilon)$ derart, dass

$$\delta - \varepsilon \leq \frac{n_D}{n} \leq \delta + \varepsilon$$

für alle $n > N(\varepsilon)$. Insbesondere gilt, mit $\varepsilon = \delta^2$:

$$(1 - \delta)\delta \leq \frac{n_D}{n} \leq (1 + \delta)\delta$$

für $n > N(\delta)$. Sei jetzt α ein beliebiger Teilbogen unseres Kreises, und sei r die Anzahl Bogen D der Länge δ, die innerhalb von α liegen. Ihre Gesamtlänge ist $r\delta > |\alpha|-2\delta$. Wenn wir mit r' die Anzahl Bogen D bezeichnen, die überhaupt gemeinsame Punkte mit α haben, so besitzen sie eine Gesamtlänge $r'\delta < |\alpha|+2\delta$. Es gilt offenbar

$$rn_D \leq n_\alpha \leq r'n_D,$$

das heisst

$$r\,\frac{n_D}{n} \leq \frac{n_\alpha}{n} \leq r'\,\frac{n_D}{n}\,.$$

Somit ist, für $n > N(\delta)$,

$$r\delta(1 - \delta) \leq \frac{n_\alpha}{n} \leq r'\delta(1 + \delta),$$

folglich

$$(|\alpha| - 2\delta)(1 - \delta) \leqslant \frac{n_\alpha}{n} \leqslant (|\alpha| + 2\delta)(1 + \delta).$$

Wegen $|\alpha| < 1$ folgt daraus, dass für $n > N(\delta)$,

$$\left|\frac{n_\alpha}{n} - |\alpha|\right| \leqslant 3\delta + 2\delta^2$$

für <u>alle</u> Teilbogen α gilt, wobei δ von α unabhängig ist.

Der Begriff der Gleichverteilung kann auf höhere Dimensionen übertragen werden. Es seien $x_1(n), x_2(n), \ldots, x_p(n)$ die Koordinaten des Punktes P_n eines reellen, p-dimensionalen euklidischen Raumes. Sei

$$x_1(n) \equiv \alpha_1(n),\ x_2(n) \equiv \alpha_2(n),\ \ldots,\ x_p(n) \equiv \alpha_p(n) \pmod 1,$$

wobei $0 \leqslant \alpha_i(n) < 1$. Es bezeichne $\alpha(n)$ den Punkt mit den Koordinaten $\alpha_1(n),\ \alpha_2(n),\ \ldots,\ \alpha_p(n)$; dieser Punkt liegt im Einheitswürfel $0 \leqslant x_1, x_2, \ldots, x_p < 1$.

Ferner bezeichne V eine beliebige kompakte Teilmenge diese Würfels, mit Inhalt $|V|$. Wir sagen, die unendliche Punktfolge $\{P_n\}$ sei gleichverteilt mod 1 genau dann, wenn

$$\lim_{n\to\infty} \frac{n_V}{n} = |V| \qquad \text{für jedes } V \tag{5}$$

gilt, wobei n_V die Anzahl der Punkte $\alpha(1),\ \alpha(2),\ \ldots,\ \alpha(n)$ bezeichnet, die in V liegen.

Man kann folgendes Kriterium beweisen: die Folge $\{\alpha(n)\}$ ist genau dann im Einheitswürfel gleichverteilt, wenn für jedes System ganzer Zahlen $(m_1, m_2, \ldots, m_p) \neq (0, 0, \ldots, 0)$ gilt

$$\sum_{h=1}^{n} e\bigl(m_1\alpha_1(h) + m_2\alpha_2(h) + \ldots + m_p\alpha_p(h)\bigr) = o(n).$$

Daraus ergibt sich dann folgende Verallgemeinerung von Satz 2:

Satz 3: Sind $\xi_1, \xi_2, \ldots, \xi_p$ beliebige reelle Zahlen, zwischen denen keine Relation der Form $\sum_{i=1}^{p} l_i \xi_i = l$ mit ganzen Zahlen $(l_1, l_2, \ldots, l_p, l) \neq (0, 0, \ldots, 0, 0)$ besteht (d.h. $\xi_1, \xi_2, \ldots, \xi_p, 1$ sind über den ganzen Zahlen linear unabhängig), so ist die Punktfolge

$$\xi(n) : (n\xi_1, n\xi_2, \ldots, n\xi_p)$$

gleichverteilt mod 1.

Ist diese Folge gleichverteilt mod 1, so liegt sie sicher im Einheitswürfel überall dicht. Diese Folgerung aus Satz 3 ist der Satz von Kronecker im mehrdimensionalen Fall (Verallgemeinerung von (1)).

Wir geben jetzt zwei verschiedene Formulierungen des Kroneckerschen Satzes, von denen wir zeigen werden, dass sie äquivalent sind. Dann bringen wir den Beweis von H. Bohr und B. Jessen für die erste Fassung dieses Satzes.

Der Kroneckersche Satz

Erste Fassung

Satz 4: Sind die reellen Zahlen $\vartheta_1, \vartheta_2, \ldots, \vartheta_k$ über den ganzen Zahlen linear unabhängig, $\alpha_1, \alpha_2, \ldots, \alpha_k$ beliebige reelle Zahlen und T wie auch ε positiv, dann gibt es eine reelle Zahl t und ganze Zahlen $p_1, p_2, \ldots, p_k$, für die

$$t > T \quad \text{und} \quad |t\vartheta_m - p_m - \alpha_m| < \varepsilon \quad \text{für} \quad m = 1, 2, \ldots, k$$

ist.

Zweite Fassung (durch Satz 3 gegeben)

Satz 5: Sind $\vartheta_1, \vartheta_2, \ldots, \vartheta_k, 1$ über den ganzen Zahlen linear unabhängig, $\alpha_1, \alpha_2, \ldots, \alpha_k$ beliebig und N wie auch ε positiv, dann gibt es ganze Zahlen $p_1, p_2, \ldots, p_k$ und $n > N$ derart, dass

$$|n\vartheta_m - \alpha_m - p_m| < \varepsilon \quad \text{für} \quad m = 1, 2, \ldots, k.$$

Wir zeigen nun, dass diese beiden Sätze äquivalent sind.

A. - Aus Satz 4 folgt Satz 5

Wir dürfen annehmen, dass $0 < \vartheta_m < 1$ für alle m, und dass $0 < \varepsilon < 1$. Wir wenden Satz 4 mit $k + 1$ statt k, $N + 1$ statt T, und $\varepsilon/2$ auf die Zahlen

$$\vartheta_1, \vartheta_2, \ldots, \vartheta_k, 1 \quad \text{und} \quad \alpha_1, \alpha_2, \ldots, \alpha_k, 0$$

an. Wir nehmen also an, $\vartheta_1, \vartheta_2, \ldots, \vartheta_k, 1$ seien linear unabhängig, und wollen zeigen, dass es ganze Zahlen $p_1, p_2, \ldots, p_k$ und $n > N$ gibt derart, dass $|n\vartheta_m - \alpha_m - p_m| < \varepsilon$ für alle m gilt.

Nach Satz 4 gibt es ganze Zahlen $p_1, p_2, \ldots, p_{k+1}$ und $t > N+1$ für welche

$$|t\vartheta_m - \alpha_m - p_m| < \tfrac{1}{2}\varepsilon \qquad (m = 1, 2, \ldots, k)$$

und

$$|t - p_{k+1}| < \tfrac{1}{2}\varepsilon$$

gilt.

Dann ist $p_{k+1} > t - \frac{1}{2}\varepsilon > N$ wegen $\varepsilon < 1$ und $t > N+1$.

Ferner folgt, da $0 < \vartheta \leqslant 1$:

$$|p_{k+1}\vartheta_m - \alpha_m - p_m| \leqslant |t\vartheta_m - \alpha_m - p_m| + |(p_{k+1} - t)\vartheta_m|$$

$$\leqslant |t\vartheta_m - \alpha_m - p_m| + |p_{k+1} - t|$$

$$< \varepsilon \qquad \text{für } m = 1, 2, \ldots, k.$$

Somit ist Satz 5 bewiesen, mit $n = p_{k+1}$.

B. - <u>Aus Satz 5 folgt Satz 4</u>

Zunächst bemerken wir, dass falls einer der beiden Sätze 4 oder 5 für gewisse $\vartheta_1, \vartheta_2, \ldots, \vartheta_k$ und sowohl für $\alpha_1, \alpha_2, \ldots, \alpha_k$ als auch für $\beta_1, \beta_2, \ldots, \beta_k$ gilt, dann gilt er auch für dieselben ϑ_i und für $\alpha_1+\beta_1, \alpha_2+\beta_2, \ldots, \alpha_k+\beta_k$.

Sind $\vartheta_1, \vartheta_2, \ldots, \vartheta_{k+1}$ linear unabhängig, so auch

$$\frac{\vartheta_1}{\vartheta_{k+1}}, \frac{\vartheta_2}{\vartheta_{k+1}}, \ldots, \frac{\vartheta_k}{\vartheta_{k+1}}, 1,$$

und wir dürfen Satz 5, mit $N = T$, auf das System

$$\frac{\vartheta_1}{\vartheta_{k+1}}, \ldots, \frac{\vartheta_k}{\vartheta_{k+1}}; \alpha_1, \ldots, \alpha_k$$

anwenden. Dann existieren ganze Zahlen $p_1, p_2, \ldots, p_k$ und $n > N$ derart, dass

$$\left|\frac{n\vartheta_m}{\vartheta_{k+1}} - \alpha_m - p_m\right| < \varepsilon \qquad \text{für } m = 1, 2, \ldots, k.$$

Setzen wir $t = \frac{n}{\vartheta_{k+1}} \geq n > N = T$, so haben wir Satz 4 für

$$\vartheta_1, \ldots, \vartheta_k, \vartheta_{k+1} \quad \text{und} \quad \alpha_1, \ldots, \alpha_k, 0$$

bewiesen. Analog lässt sich Satz 4 für

$$\vartheta_1, \ldots, \vartheta_k, \vartheta_{k+1} \quad \text{und} \quad 0, \ldots, 0, \alpha_{k+1}$$

beweisen. Dann folgt aus unserer obigen Bemerkung, dass Satz 4 für

$$\vartheta_1, \ldots, \vartheta_k, \vartheta_{k+1} \quad \text{und} \quad \alpha_1, \ldots, \alpha_k, \alpha_{k+1}$$

richtig ist.

Ein Beweis des Kroneckerschen Satzes

Wir beweisen den Satz von Kronecker in der ersten Fassung.

Beweis (H. Bohr - B. Jessen): Wie früher schreiben wir $e(x) = e^{2\pi i x}$, x eine reelle Zahl. Diese Funktion ist periodisch mit der Periode 1, und $e(x) = 1$ dann und nur dann, wenn x eine ganze Zahl ist.

Zuerst bemerken wir, das für reelles c gilt

$$\lim_{T\to\infty} \frac{1}{T} \int_0^T e^{cit} dt = \begin{cases} 0, & \text{falls } c \neq 0 \\ 1, & \text{falls } c = 0. \end{cases}$$

Daraus folgt für

$$\chi(t) = \sum_{\nu=1}^{r} b_\nu e^{c_\nu it}, \quad \text{mit } c_m \neq c_n \text{ falls } m \neq n, \tag{6}$$

dass

$$\lim_{T\to\infty} \frac{1}{T} \int_0^T \chi(t) e^{-c_s it} dt = b_s \qquad (s = 1, \ldots, r).$$

Jetzt betrachten wir die Funktion

$$F(t) = 1 + \sum_{m=1}^{k} e(t\vartheta_m - \alpha_m),$$

wobei t eine reelle Zahl ist, und setzen $|F(t)| = \Phi(t)$. Offenbar gilt $0 \leqslant \Phi(t) \leqslant k+1$.

Ist der Kroneckersche Satz richtig, so ist, für genügend grosses t, jede der Zahlen $t\vartheta_m - \alpha_m$ beinahe eine ganze Zahl, und $\Phi(t)$ ist beinahe gleich $k+1$.

Ist umgekehrt $\Phi(t)$ beinahe gleich $k+1$ für ein gewisses grosses t, dann muss jedes Glied der Summe beinahe 1 sein $\left(\text{denn } |e(t\vartheta_m - \alpha_m)| = 1\right)$, und der Satz von Kronecker muss richtig sein.

Wir können also den Kroneckerschen Satz beweisen, indem wir zeigen, dass

$$\overline{\lim_{t\to\infty}}\, \Phi(t) = k + 1. \tag{7}$$

Zum Beweis von (7) betrachten wir neben $F(t)$ noch die Funktion

$$\Psi(x_1, x_2, \ldots, x_k) = 1 + x_1 + x_2 + \ldots + x_k.$$

Sei p eine positive ganze Zahl; wird Ψ zur p-ten Potenz erhoben, so erhalten wir eine Summe

$$\Psi^p = \sum a_{n_1 n_2 \ldots n_k} x_1^{n_1} x_2^{n_2} \ldots x_k^{n_k}, \tag{8}$$

wobei die Koeffizienten a folgende Eigenschaften besitzen:

(i) Sie sind positiv.

(ii) Ihre Summe ist

$$\sum a_{n_1 n_2 \ldots n_k} = \Psi^p(1, 1, \ldots, 1) = (k + 1)^p.$$

(iii) Ihre Anzahl ist höchstens gleich $(p + 1)^k$. Das kann man durch vollständige Induktion beweisen: für $k = 1$ ist $\Psi^p = (1 + x_1)^p$, also gibt es genau $p + 1$ Koeffizienten. Ferner folgt aus der Identität

$$(1+x_1+\ldots+x_k)^p = (1+x_1+\ldots+x_{k-1})^p + \binom{p}{1}(1+\ldots+x_{k-1})^{p-1}x_k + \ldots + x_k^k,$$

dass die Anzahl Koeffizienten höchstens mit $p + 1$ multipliziert wird, wenn man von $k - 1$ zu k Variablen übergeht.

Wir wenden jetzt diese Bemerkungen auf die p-te Potenz F^p unserer Funktion $F(t)$ an; wir erhalten eine Summe der Gestalt (6), in welcher die Glieder $e^{c_\nu it}$ von der Form $e\big((n_1\vartheta_1 + \ldots + n_k\vartheta_k)t\big)$ sind. Die c_ν sind alle verschieden, wegen der linearen Unabhängigkeit der ϑ_i.

Ferner ist jedes $|b_\nu|$ einem gewissen Koeffizienten a von (8) gleich, denn b_ν und dieses a unterscheiden sich nur durch einen Faktor $e(-n_1\alpha_1-\ldots-n_k\alpha_k)$.

Folglich ist, nach (ii),

$$\sum |b_\nu| = \sum a = (k + 1)^p.$$

Wir beweisen (7), indem wir zeigen, dass die Annahme

$$\overline{\lim_{t\to\infty}}\, \Phi(t) < k + 1 \tag{9}$$

zu einem Widerspruch führt.

Denn wäre (9) richtig, so gäbe es eine Zahl λ derart, dass

$$|F(t)| = \Phi(t) \leq \lambda < k + 1$$

für genügend grosses t. Dann wäre

$$\overline{\lim_{T\to\infty}} \frac{1}{T} \int_0^T F(t)^p dt \leq \lim_{T\to\infty} \frac{1}{T} \int_0^T \lambda^p dt = \lambda^p.$$

Wir wissen aber, dass

$$b_\nu = \lim_{T\to\infty} \frac{1}{T} \int_0^T \{F(t)\}^p e^{-c_\nu it} dt,$$

also hätte (9)

$$|b_\nu| \leq \overline{\lim_{T\to\infty}} \frac{1}{T} \int_0^T |F(t)|^p dt \leq \lambda^p$$

zufolge, d.h. es wäre $a \leq \lambda^p$ für jedes a. Weil es höchstens $(p + 1)^k$ Koeffizienten a gibt, wäre somit

$$(k + 1)^p = \sum a \leq (p + 1)^k \lambda^p,$$

das heisst

$$\left(\frac{k + 1}{\lambda}\right)^p < (p + 1)^k.$$

Es ist aber $\lambda < k + 1$, also

$$\left(\frac{k + 1}{\lambda}\right)^p = e^{\delta p},$$

wo $\delta > 0$ ist. Wir hätten also $e^{\delta p} \leq (p + 1)^k$, was für grosse p wegen

$$\lim_{p \to \infty} e^{-\delta p}(p + 1)^k = 0$$

unmöglich ist. Die Annahme (9) führt also zu einem Widerspruch, und damit ist Satz 4 bewiesen.

KAPITEL IX. - DER SATZ VON MINKOWSKI UEBER GITTERPUNKTE IN KONVEXEN BEREICHEN

Schon im Kapitel VI haben wir Probleme betreffend die Anzahl Gitterpunkte in gewissen ebenen Bereichen betrachtet. In diesem Kapitel werden wir den Satz von Minkowski beweisen, der besagt, dass jeder konvexe Bereich im n-dimensionalen euklidischen Raum R_n, der zum Nullpunkt symmetrisch liegt und dessen Volumen grösser als 2^n ist, einen vom Nullpunkt verschiedenen Gitterpunkt enthält.

Definitionen

S sei eine beliebige Punktmenge in R_n.

(1) Ist λ eine reelle Zahl, so bezeichnen wir mit λS die um den Faktor λ vergrösserte Menge S:

$$\lambda S = \{\lambda x \mid x \in S\}$$

(2) S heisst dann und nur dann <u>konvex</u>, wenn aus $x \in S$, $y \in S$ folgt $\lambda x + \mu y \in S$ für alle reellen Zahlen λ, μ mit $\lambda \geqslant 0$, $\mu \geqslant 0$, $\lambda + \mu = 1$.

Ist S konvex, so auch λS.

(3) S heisst dann und nur dann bezüglich des Nullpunktes <u>symmetrisch</u>, wenn

$$x \in S \Rightarrow -x \in S.$$

Wir sagen von jetzt an, S sei symmetrisch, und meinen damit, dass S bezüglich des Nullpunktes symmetrisch ist.

Ist S symmetrisch, so auch λS.

(4) Ist $h = (h_1, h_2, \ldots, h_n)$ ein Gitterpunkt, so wird die Menge S_h wie folgt definiert:

$$x \in S_h \iff x - h \in S;$$

S_h ist die um h verschobene Menge S.

Ist S eine offene, beschränkte Menge vom Volumen $V(S)$, so gilt $V(S_h) = V(S)$.

Einige Eigenschaften von konvexen symmetrischen Punktmengen

(1) Ist S konvex und symmetrisch sowie $x \in S$, so ist auch $\lambda x \in S$ für jede reelle Zahl λ mit $|\lambda| \leq 1$, da $-x \in S$ wegen der Symmetrie von S, und

$$\left(\frac{1}{2} + \frac{\lambda}{2}\right)x + \left(\frac{1}{2} - \frac{\lambda}{2}\right)(-x) = \lambda x \in S$$

falls $|\lambda| \leq 1$, wegen der Konvexität von S.

(2) Ist S konvex und symmetrisch und $x \in S$, $y \in S$, so ist auch $\lambda x + \mu y \in S$ für alle reellen λ, μ mit $|\lambda| + |\mu| \leq 1$.

Ist $\lambda = 0$ oder $\mu = 0$, so ist dies die Eigenschaft (1). Wir nehmen also $\lambda \neq 0$ und $\mu \neq 0$ an, und definieren:

$$\varepsilon_1 = \text{sign}\ \lambda, \quad \varepsilon_2 = \text{sign}\ \mu.$$

Aus (1) und der Voraussetzung $|\lambda| + |\mu| \leq 1$ folgt, dass $x' = \varepsilon_1(|\lambda| + |\mu|)x \in S$. Analog ist $y' = \varepsilon_2(|\lambda| + |\mu|)y \in S$. Nun betrachten wir die positiven Zahlen

$$\varrho = \frac{|\lambda|}{|\lambda| + |\mu|} \qquad \text{und} \qquad \sigma = \frac{|\mu|}{|\lambda| + |\mu|};$$

es gilt $\varrho + \sigma = 1$, folglich $\varrho x' + \sigma y' \in S$, wegen der Konvexität von S. Aber $\varrho x' + \sigma y' = \lambda x + \mu y$.

Geometrisch bedeutet die Eigenschaft (2), dass S mit x und y auch das ganze Parallelogramm mit den Ecken $\pm x$, $\pm y$ enthält.

Der Satz von Minkowski

Satz 1 (Minkowski): Eine offene, beschränkte, symmetrische und konvexe Punktmenge S in R_n mit Volumen $V > 2^n$ enthält einen vom Nullpunkt verschiedenen Gitterpunkt.

Wir werden zwei Beweise dieses Satzes bringen. Der erste Beweis den wir bringen, ist derjenige von Siegel. Siegel erhält eine Formel für das Volumen einer offenen, beschränkten, konvexen, symmetrischen Punktmenge, welche den Nullpunkt als einzigen Gitterpunkt enthält. Daraus folgt dann der Satz von Minkowski unmittelbar.

Beweis (Siegel): Wir definieren eine Funktion φ mit den folgenden Eigenschaften: $\varphi(x) = 0$ für $x \notin S$, und $\varphi \in L_2(S)$ (Raum der auf S quadratisch integrierbaren Funktionen).

Ist $k = (k_1, k_2, \ldots, k_n)$ und $x = (x_1, x_2, \ldots, x_n)$, so schreiben wir $kx = (k_1x_1, k_2x_2, \ldots, k_nx_n)$ und $dx = dx_1dx_2\ldots dx_n$.

Zunächst betrachten wir die Funktion

$$f(x) = \sum_k \varphi(2x - 2k), \tag{1}$$

wobei k alle Gitterpunkte des R_n durchläuft. Diese Summe ist endlich, denn $\varphi = 0$ ausserhalb S. Da k alle Gitterpunkte durchläuft, bleibt die Summe durch eine Substitution $k \to k + 1$ unverändert. Folglich ist $f(x)$ in jeder der Variablen $x_1, x_2, \ldots, x_n$ periodisch mit der Periode 1.

Der Raum L_2 ist vollständig. Die Vollständigkeitsrelation (Parsevalsche Gleichung), auf $f(x)$ angewandt, ergibt

$$\int_E |f|^2\, dx = \sum_l |a_l|^2, \tag{2}$$

wobei E ein n-dimensionaler Würfel der Kantenlänge 1 ist, l alle Gitterpunkte durchläuft und die a_l die Fourierkoeffizienten von f sind, d.h.

$$a_l = \int_E f(x)e^{-2\pi ilx}dx. \tag{3}$$

Mit (1) folgt aus (3):

$$a_l = \int_E \sum_k \varphi(2x - 2k)e^{-2\pi ilx}dx,$$

wobei k alle Gitterpunkte des R_n durchläuft. Wir setzen $x - k = t$; es ergibt sich

$$a_l = \int_{R_n} \varphi(2t)\, e^{-2\pi i l(k+t)}\, dt = \int_{R_n} \varphi(2t)\, e^{-2\pi i l t} dt.$$

Mit der Substitution $2t = x$ folgt wegen des Verschwindens von φ ausserhalb S:

$$a_l = 2^{-n} \int_S \varphi(x)\, e^{-\pi i l x} dx. \tag{4}$$

Andererseits erhalten wir aus (1)

$$\begin{aligned} \int_E |f|^2 dx &= \int_E \sum_{k'} \Big(\sum_k \varphi(2x - 2k)\ \overline{\varphi(2x - 2k')} \Big) dx \\ &= \int_{R_n} \sum_k \varphi(2x - 2k)\ \overline{\varphi(2x)}\ dx \\ &= 2^{-n} \int_R \sum_k \varphi(x - 2k)\ \overline{\varphi(x)}\, dx \\ &= 2^{-n} \sum_k \int_S \varphi(x - 2k)\ \overline{\varphi(x)}\, dx. \end{aligned} \tag{5}$$

Die Beziehungen (4) und (5), in (2) eingesetzt, liefern:

$$\sum_k \int_S \overline{\varphi(x)}\ \ \varphi(x-2k)\, dx = 2^{-n} \sum_l \Big| \int_S \varphi(x)\, e^{-\pi i l x} dx \Big|^2. \tag{6}$$

Gilt nun $\overline{\varphi(x)}\ \varphi(x-2k) \neq 0$, so muss sowohl $x \in S$ als auch $x-2k \in S$; da S symmetrisch und konvex ist, folgt daraus, dass $k \in S$. Folglich ist $\overline{\varphi(x)}\ \varphi(x-2k) = 0$ für $k \neq 0$ falls S ausser dem Nullpunkt keinen weiteren Gitterpunkt enthält. In diesem Fall reduziert sich (6) auf

$$\int_S |\varphi(x)|^2 dx = 2^{-n} \sum_l \Big| \int_S \varphi(x)\, e^{-\pi i l x} dx \Big|^2. \tag{7}$$

Jetzt wählen wir φ derart, dass $\varphi(x) = 1$ für $x \in S$; dann ist $\int_S |\varphi(x)|^2 dx = V$ und wir bekommen mit (7):

$$V = 2^{-n} \sum_l \Big| \int_S e^{-\pi i l x} dx \Big|^2 = 2^{-n} \Big\{ V^2 + \sum_{l \neq 0} \Big| \int_S e^{-\pi i l x} dx \Big|^2 \Big\}.$$

Mit $-l$ durchläuft auch l alle Gitterpunkte, also dürfen wir schreiben:

$$2^n V = V^2 + \sum_{l \neq 0} \left| \int_S e^{\pi i l x} dx \right|^2$$

Wir haben somit die Siegelsche Formel

$$2^n = V + \frac{1}{V} \sum_{l \neq 0} \left| \int_S e^{\pi i l x} dx \right|^2 \qquad (8)$$

für das Volumen V einer offenen, beschränkten, konvexen, symmetrischen Punktmenge S, welche ausser dem Nullpunkt keinen Gitterpunkt enthält. Aus (8) folgt sofort, dass $V \leq 2^n$, womit Satz 1 bewiesen ist.

Will man nur Satz 1 beweisen, so genügt es, statt der Parsevalschen Gleichung die Besselsche Ungleichung

$$\int_E |f|^2 dx \geq |a_o|^2$$

anzuwenden. Wir haben

$$a_o = 2^{-n} \int_S \varphi(x)\, dx = 2^{-n} V \quad \text{und} \quad \int_E |f|^2 dx = 2^{-n} V,$$

und daher $V \leq 2^n$.

Satz 1 ist für offene, beschränkte, konvexe, symmetrische Punktmengen vom Volumen $V = 2^n$ falsch, wie man mit dem Körper $|x_i| < 1$ $(i = 1, 2, \ldots, n)$ erkennt. Dieser Körper hat das Volumen $V = 2^n$, enthält aber keinen vom Nullpunkt verschiedenen Gitterpunkt.

Ist allerdings S abgeschlossen, so gilt der

<u>Satz 2:</u> Eine abgeschlossene, beschränkte, konvexe, symmetrische Punktmenge S des R_n mit Volumen $V \geq 2^n$ enthält ausser dem Nullpunkt noch einen weiteren Gitterpunkt.
Dieser Satz lässt sich offenbar auch wie folgt ausdrücken:

Satz 2': Ist S eine offene, beschränkte, konvexe und symmetrische Punktmenge vom Volumen $V \geq 2^n$, so gibt es entweder in S oder auf dem Rand von S einen vom Nullpunkt verschiedenen Gitterpunkt.

Beweis von Satz 2: Sei ε, $0 < \varepsilon < 1$, gegeben. Wir betrachten die inneren Punkte von $S' = (1 + \varepsilon)S$. S' ist offen und erfüllt die Bedingungen von Satz 1, denn

$$V(S') = (1 + \varepsilon)^n V(S) \geq 2^n(1 + \varepsilon)^n > 2^n.$$

Folglich enthält S' einen vom Nullpunkt verschiedenen Gitterpunkt l_ε. Wegen der Beschränktheit von S ist auch S' beschränkt. Folglich gibt es einen vom Nullpunkt verschiedenen Gitterpunkt l_o derart, dass $l_o \in (1 + \varepsilon)S$ für jedes ε, $0 < \varepsilon < 1$, gilt. Das heisst, $\frac{l_o}{1+\varepsilon} \in \bar{S}$. Mit $\varepsilon \to 0$ folgt daraus, dass $l_o \in \bar{S}$, denn $\bar{S}$ ist abgeschlossen.

Zweiter Beweis des Minkowskischen Satzes

Dieser Beweis ist zwar kürzer als der von Siegel, aber liefert natürlich nicht die Siegelsche Formel (8). Wir verwenden folgendes

Lemma (Blichfeldt-Birkhoff): Ist S eine offene Punktmenge in R_n mit Volumen $V > 1$, dann gibt es zwei verschiedene Punkte $x \in S$ und $y \in S$ derart, dass $x - y$ ein Gitterpunkt ist.

Beweis: Sei $g = (g_1, g_2, \ldots, g_n)$ irgend ein Gitterpunkt. Wir betrachten den Würfel $\{x_i | g_i \leq x_i < g_i + 1\}$ $(i = 1, 2, \ldots, n)$. Es bezeichne S^g den Durchschnitt von S mit diesem Würfel:

$$S^g = S \cap \{x_i | g_i \leq x_i < g_i + 1\},$$

und es sei $\mathfrak{S}_g = S^g_{-g}$ (d.h., diejenige Verschiebung von S^g, welche S^g in den Einheitswürfel $0 \leq x_i < 1$ bringt).
Es ist

$$\mathfrak{S}_g \subset \{x_i \mid 0 \leq x_i < 1\}.$$

Es sei V_g das Volumen von $\mathfrak{S}_g$; V_g ist auch das Volumen von S^g, und nach Voraussetzung haben wir $\sum_g V_g = V > 1$.
Da der Würfel $\{x_i \mid 0 \leq x < 1\}$ das Volumen 1 hat, muss es mindestens zwei Mengen $\mathfrak{S}_g$ und $\mathfrak{S}_{g'}$ (mit $g \neq g'$) geben, welche gemeinsame Punkte haben. Das heisst, es gibt zwei Punkte $x \in S^g$ und $y \in S^{g'}$ derart, dass $x - g = y - g'$. Folglich ist $x \in S$, $y \in S$, und $x - y = g - g'$ ist ein Gitterpunkt (dieser Gitterpunkt braucht natürlich nicht zu S zu gehören.)
Unter Anwendung dieses Lemmas beweisen wir jetzt den

Satz 3 (Minkowski): Ist S offen, konvex und symmetrisch, mit Volumen $V > 2^n$ (auch $V = \infty$), so enthält S einen vom Nullpunkt verschiedenen Gitterpunkt.

Beweis: Die Menge $\frac{1}{2}S$ hat das Volumen $(\frac{1}{2})^n V > 1$, nach Voraussetzung. Aus dem obigen Lemma folgt die Existenz von zwei verschiedenen Punkten $x \in \frac{1}{2}S$ und $y \in \frac{1}{2}S$ mit der Eigenschaft, dass $x - y = g$ ein Gitterpunkt ist.

Aber mit S ist auch $\frac{1}{2}S$ konvex und symmetrisch; folglich ist $\frac{1}{2}x - \frac{1}{2}y = \frac{1}{2}g \in \frac{1}{2}S$, und somit ist $g \in S$.

Jetzt wollen wir einige Anwendungen des Minkowskischen Satzes betrachten. Gegeben seien n homogene Linearformen

$$\xi = a_{i1}x_1 + a_{i2}x_2 + \dots + a_{in}x_n \qquad (i = 1, 2, \dots, n) \tag{9}$$

in den n reellen Variablen $x_1, x_2, \dots, x_n$, mit reellen Koeffizienten a_{ij}. Es sei Δ die Determinante der Matrix (a_{ij}); zunächst wird $\Delta \neq 0$ angenommen.

Diese Linearformen definieren eine lineare Abbildung des x-Raumes auf dem ξ-Raum. Ist eine Menge R im x-Raum konvex und symmetrisch, so ist die zugehörige Menge P im ξ-Raum ebenfalls konvex und symmetrisch, denn Konvexität und Symmetrie bleiben unter linearen Transformationen erhalten. Aber das Volumen wird geändert: ist $\Delta \neq 0$, so gilt

$$\int_P d\xi_1 d\xi_2 \ldots d\xi_n = |\Delta| \int_R dx_1 dx_2 \ldots dx_n \; ; \tag{10}$$

das Volumen von P ist das $|\Delta|$-fache desjenigen von R.

Die Punkte des ξ-Raumes, die wir erhalten, indem wir für $x_1, x_2, \ldots, x_n$ ganze Zahlen nehmen, bilden ein <u>Gitter</u> Λ im ξ-Raum. Die Determinante Δ der Transformationsmatrix (a_{ij}) heisst dann die <u>Determinante</u> des Gitters Λ.

Die Anwendung von Satz 3 auf dem ξ-Raum liefert den

<u>Satz 4:</u> Ist Λ ein Gitter mit der Determinante $\Delta \neq 0$ und P eine offene, konvexe, symmetrische Punktmenge vom Volumen $V > 2^n |\Delta|$ (auch $V = \infty$), dann enthält P ausser dem Nullpunkt noch einen weiteren Punkt von Λ.

Aus Satz 2 folgt der

<u>Satz 4':</u> Ist Λ ein Gitter mit der Determinante $\Delta \neq 0$ und P eine abgeschlossene, beschränkte, konvexe, symmetrische Punktmenge mit dem Volumen $V \geq 2^n |\Delta|$, dann enthält P ausser dem Nullpunkt noch einen weiteren Punkt von Λ.

Anwendungen

I. - Die Ungleichungen

$$|\xi_i| \leq c_i \qquad (i = 1, 2, \ldots, n) \qquad (11)$$

definieren eine abgeschlossene Menge S des x-Raumes. Offenbar ist S symmetrisch; S ist auch konvex, denn falls $x \in S$, $y \in S$ und $z = \lambda x + \mu y$ mit $\lambda \geq 0$, $\mu \geq 0$, $\lambda + \mu = 1$, so gilt

$$|a_{i1}z_1+\ldots+a_{in}z_n| \leq \lambda|a_{i1}x_1+\ldots+a_{in}x_n| + \mu|a_{i1}y_1+\ldots+a_{in}y_n|$$

$$\leq \max\left(|a_{i1}x_1+\ldots+a_{in}x_n|,\ |a_{i1}y_1+\ldots+a_{in}y_n|\right).$$

S ist auch beschränkt: ist (α_{ij}) die inverse Matrix von (a_{ij}), so liefert

$$\xi_i = \sum_{j=1}^{n} a_{ij}x_j \qquad \text{die Beziehung} \qquad x_i = \sum_{j=1}^{n} \alpha_{ij}\xi_j .$$

Somit ist $|x_i| \leq \sum|a_{ij}|c_j$; da es nur endlich viele c_j gibt, besitzen sie eine von n unabhängige obere Schranke. Folglich ist S beschränkt. Nach der obigen Formel (10) ist das Volumen von S gleich $2^n|\Delta|^{-1}c_1c_2\ldots c_n$.

Die entsprechende Menge des ξ-Raumes ist abgeschlossen, beschränkt, symmetrisch und konvex, und hat das Volumen $2^n c_1c_2\ldots c_n$.

Die Anwendung von Satz 4' ergibt nun den

Satz 5: Sind $\xi_1, \xi_2, \ldots, \xi_n$ homogene Linearformen in den Variablen $x_1, x_2, \ldots, x_n$ mit reellen Koeffizienten und mit der Determinante $\Delta \neq 0$, und sind $c_1, c_2, \ldots, c_n$ positive reelle Zahlen derart, dass $c_1c_2\ldots c_n \geq |\Delta|$, dann gibt es ganze Zahlen $x_1, x_2, \ldots, x_n$, nicht alle Null, mit der Eigenschaft, dass $|\xi_1| \leqslant c_1, |\xi_2| \leqslant c_2, \ldots, |\xi_n| \leqslant c_n$.

Insbesondere können wir $c_i = |\Delta|^{1/n}$ $(i = 1, 2, \ldots, n)$ wählen, womit wir dieselbe Schranke für alle n Ungleichungen haben.

Bis jetzt haben wir $\Delta \neq 0$ angenommen. Im Falle $\Delta = 0$ sieht man leicht, dass durch (9) eine Menge mit Volumen $V = \infty$ bestimmt wird, und dass die Behauptung von Satz 4 richtig bleibt.

Betrachten wir statt (11) ein System mit weniger Ungleichungen als Variablen:

$$|\xi_i| = |a_{i1}x_1 + a_{i2}x_2 + \ldots + a_{in}x_n| \leqslant c_i \quad (i = 1,2,\ldots,m) \qquad (12)$$

mit $m < n$, so wird dadurch eine im x-Raum unbeschränkte Menge bestimmt, denn gewisse x_i sind frei. Hier gilt ebenfalls die Behauptung von Satz 4: es gibt ganze Zahlen $x_1, x_2, \ldots, x_n$, nicht alle Null, die alle m Ungleichungen von (12) erfüllen.

II. - Als zweite Anwendung betrachten wir die durch die Ungleichungen

$$|\xi_1| + |\xi_2| + \ldots + |\xi_n| \leqslant \lambda$$

definierte Menge P des ξ-Raumes. Sie ist offenbar symmetrisch; sie ist auch konvex, denn ist $\xi = (\xi_1, \xi_2, \ldots, \xi_n) \in P$, $\xi' = (\xi_1', \xi_2', \ldots, \xi_n') \in P$, und $\lambda \geqslant 0, \mu \geqslant 0, \lambda + \mu = 1$, so gilt

$$|\lambda\xi + \mu\xi'| \leqslant \lambda|\xi| + \mu|\xi'| \leqslant \max(|\xi|, |\xi'|).$$

Für $n = 2$ ist P ein Quadrat, für $n = 3$ ein Oktaeder. Das Volumen von P berechnen wir wie folgt: P besteht aus 2^n kongruenten Teilen. Derjenige Teil, der im "Oktant" $\xi_1 > 0$, $\xi_2 > 0$, ..., $\xi_n > 0$ liegt, hat das Volumen

$$\lambda^n \int_0^1 d\xi_1 \int_0^{1-\xi_1} d\xi_2 \ldots \int_0^{1-\xi_1-\ldots-\xi_{n-1}} d\xi_n = \lambda^n/n\,! \;;$$

folglich hat P das Volumen $V = (2\lambda)^n/n!$.

Ist $\lambda^n > n!\,|\Delta|$, dann ist $V > 2^n|\Delta|$, und P enthält einen vom Nullpunkt verschiedenen Gitterpunkt. Satz 4 liefert den

<u>Satz 6:</u> Es gibt ganze Zahlen $x_1, x_2, \ldots, x_n$, nicht alle Null, für welche

$$|\xi_1| + |\xi_2| + \ldots + |\xi_n| \leqslant (n!\;|\Delta|)^{1/n}$$

gilt.

Da $|\xi_1\xi_2\cdots\xi_n|^{1/n} \leqslant \frac{1}{n}\left(|\xi_1| + |\xi_2| + \ldots + |\xi_n|\right)$, folgt daraus der

<u>Satz 6':</u> Es gibt ganze Zahlen $x_1, x_2, \ldots, x_n$, nicht alle Null, für welche

$$|\xi_1\xi_2\cdots\xi_n| \leqslant n!\;|\Delta|/n^n.$$

III. - Als letzte Anwendung betrachten wir die durch die Ungleichung

$$\xi_1^2 + \xi_2^2 + \ldots + \xi_n^2 \leqslant \lambda^2$$

definierte Menge. Sie ist symmetrisch, und auch konvex, denn

$$(\lambda\xi + \mu\xi')^2 \leqslant (\lambda + \mu)(\xi^2 + \xi'^2)$$

für $\lambda \geqslant 0$, $\mu \geqslant 0$. Ihr Volumen beträgt

$$\lambda^n \int_{\Sigma \xi_i^2 \leqslant 1} \ldots \int d\xi_1 d\xi_2 \ldots d\xi_n = \lambda^n \frac{\pi^{n/2}}{\Gamma\left(\frac{n}{2} + 1\right)} = \lambda^n S_n .$$

Ist also $\lambda \geqslant 2(|\Delta|/S_n)^{1/n}$, so können wir Satz 4' anwenden. Wir erhalten den

<u>Satz 7:</u> Es gibt ganze Zahlen $x_1, x_2, \ldots, x_n$, nicht alle Null, für welche

$$\xi_1^2 + \xi_2^2 + \ldots + \xi_n^2 \leqslant 4\left(\frac{|\Delta|}{S_n}\right)^{2/n} .$$

Dieser Satz lässt sich auf allgemeine positiv definite quadratische Formen

$$Q(x_1, x_2, \ldots, x_n) = \sum_{r,s=1}^{n} a_{rs}\, x_r\, x_s$$

mit $a_{rs} = a_{sr}$ anwenden (Q heisst genau dann positiv definit, wenn $Q > 0$ für $x_1, x_2, \ldots, x_n$ nicht alle Null). Die Determinante D der Matrix (a_{rs}) heisst die Determinante von Q; $D > 0$ falls Q positiv definit ist.

Bekanntlich lässt sich jede positiv definite quadratische Form Q auf die Gestalt

$$Q = \xi_1^2 + \xi_2^2 + \ldots + \xi_n^2$$

bringen, wobei die ξ_i Linearformen in $x_1, x_2, \ldots, x_n$ mit reellen Koeffizienten und Determinante $\sqrt{D}$ sind.

Unter Anwendung von Satz 7 erhalten wir den

<u>Satz 8:</u> Ist Q eine positiv definite quadratische Form in n Variablen mit der Determinante D, dann gibt es ganze Zahlen $x_1, x_2, \ldots, x_n$, nicht alle Null, für welche gilt:

$$Q(x_1, x_2, \ldots, x_n) < 4\left(\frac{D}{S_n^2}\right)^{1/n},$$

wobei $S_n = \dfrac{\pi^{n/2}}{\Gamma\left(\frac{n}{2} + 1\right)}$.

KAPITEL X. - DER DIRICHLETSCHE SATZ VON DEN PRIMZAHLEN IN EINER ARITHMETISCHEN PROGRESSION

Wir haben auf elementare Weise die Existenz von unendlich vielen Primzahlen bewiesen und sogar gezeigt, dass es in jeder der beiden arithmetischen Progressionen $4m + 1$ und $4m + 3$ unendlich viele Primzahlen gibt. Wir wollen jetzt den berühmten Satz von Dirichlet beweisen. Er lautet: Jede arithmetische Folge $a + bm$, wobei $(a,b) = 1$ und m alle ganzen Zahlen durchläuft, enthält unendlich viele Primzahlen.

Im Kapitel VII wurde gezeigt, dass die Summe $\sum \frac{1}{p}$ der Reziproken aller Primzahlen divergiert. Ein anderer Beweis dieses Satzes verläuft wie folgt: Für reelle $s > 1$ gilt die Eulersche Identität

$$\zeta(s) = \sum_{n=1}^{\infty} \frac{1}{n^s} = \prod_p \left(1 - \frac{1}{p^s}\right)^{-1}.$$

Für $0 < x < 1$ ist

$$\log (1 - x)^{-1} = \sum_{n=1}^{\infty} \frac{x^n}{n} < \sum_{n=1}^{\infty} x^n = \frac{x}{1-x},$$

und für $0 < x \leq \frac{1}{2}$ gilt somit

$$\log (1 - x)^{-1} < 2x.$$

Daraus folgt für jede Primzahl p und beliebiges reelles $s > 1$ die Ungleichung

$$\log \left(1 - \frac{1}{p^s}\right)^{-1} < \frac{2}{p^s}.$$

Es ergibt sich also für reelle $s > 1$:

$$\log \zeta(s) = \sum_p \log \left(1 - p^{-s}\right)^{-1} < 2 \sum_p p^{-s} .$$

Wäre die Reihe $\sum_p \frac{1}{p}$ konvergent, so wäre $2 \sum_p p^{-s} < 2 \sum_p \frac{1}{p}$.

Wir wissen aber, dass $\zeta(1 + \varepsilon) \to \infty$ für $\varepsilon \to 1 + 0$.
Es muss daher $\sum_p \frac{1}{p}$ divergent sein.

Wir werden den Satz von Dirichlet beweisen, indem wir zeigen, dass die Reihe $\sum_{p \equiv a \,(\mathrm{mod}\, m)} \frac{1}{p}$ divergiert.

Die Divergenz von $\sum_p \frac{1}{p}$ wurde eben mit Hilfe von $\zeta(s)$ bewiesen. Zum Beweis des Dirichletschen Satzes betrachten wir, in Analogie zu $\zeta(s)$, Reihen von der Gestalt $\sum_{n=1}^{\infty} \frac{a_n}{n^s}$, wobei s und die Koeffizienten a_n komplexe Zahlen sind. Solche Reihen heissen Dirichletsche Reihen.

Zunächst aber kehren wir kurz zur Funktion $\zeta(s)$ zurück, die wir jetzt für komplexes s betrachten wollen. Wir setzen $s = \sigma + it$ $(\sigma, t$ reell) und nehmen $\sigma > 1$. Für reelle, positive x setzen wir $x^s = e^{s \log x}$; dabei ist $\log x$ der reelle natürliche Logarithmus von x. Es ist dann

$$\sum_{n=1}^{\infty} \frac{1}{|n^s|} = \sum_{n=1}^{\infty} \frac{1}{n^{\sigma}} ,$$

und somit ist die Reihe $\sum_{n=1}^{\infty} \frac{1}{n^s}$ für $\sigma > 1$ absolut konvergent, und gleichmässig konvergent in jeder Halbebene $\sigma \geqslant 1 + \delta > 1$. Folglich definiert sie für $\sigma > 1$ eine reguläre analytische Funktion.

Weil diese Reihe für $\sigma > 1$ absolut konvergent ist, bleibt nach Satz VII.5 die Identität

$$\zeta(s) = \sum_{n=1}^{\infty} \frac{1}{n^s} = \prod_p \left(1 - \frac{1}{p^s}\right)^{-1}$$

für komplexe s mit Realteil $\sigma > 1$ bestehen.

Aus der absoluten Konvergenz der Reihe $\sum_p \frac{1}{p^s}$ folgt, dass das Produkt $\prod_p \left(1 - \frac{1}{p^s}\right)^{-1}$ für $\sigma > 1$ absolut konvergent ist. Die Funktion $\zeta(s)$ lässt sich also in der Halbebene $\sigma > 1$ als absolut konvergentes Produkt nichtverschwindender Faktoren darstellen. Daraus folgt, dass $\zeta(s) \neq 0$ für $\sigma > 1$.

Wir haben die Funktion $\zeta(s)$ für $\sigma > 1$ durch

$$\zeta(s) = \sum_{n=1}^{\infty} \frac{1}{n^s}$$

definiert. Es ist leicht einzusehen, dass sich $\zeta(s)$, mit Ausnahme des Punktes $s = 1$, in die ganze Halbebene $\sigma > 0$ analytisch fortsetzen lässt.

Dazu verwenden wir die Abelsche Summationsformel (Satz VII.6) mit $\lambda_n = n$, $\varphi(x) = x^{-s}$ und $a_n = 1$. Dann ist $A(x) = [x]$ und

$$\sum_{n \leq x} \frac{1}{n^s} = \frac{[x]}{x^s} + s \int_1^x \frac{[t]}{t^{s+1}}\, dt.$$

Für $\sigma > 1$ strebt $\frac{[x]}{x^s}$ gegen Null, wenn $x \to \infty$, und die Reihe $\sum_{n=1}^{\infty} \frac{1}{n^s}$ konvergiert für $\sigma > 1$. Mit $[t] = t - (t)$ ergibt sich somit die Darstellung

$$\sum_{n=1}^{\infty} \frac{1}{n^s} = s \int_1^{\infty} \frac{dt}{t^s} - s \int_1^{\infty} \frac{(t)}{t^{s+1}}\, dt = \frac{s}{s-1} - s \int_1^{\infty} \frac{(t)}{t^{s+1}}\, dt,$$

das heisst

$$\sum_{n=1}^{\infty} \frac{1}{n^s} = 1 + \frac{1}{s-1} - s \int_1^{\infty} \frac{(t)}{t^{s+1}}\, dt \qquad (\sigma > 1). \tag{1}$$

Für die Funktion (t) gilt $0 \leq (t) < 1$. Das Integral in (1) ist daher in jeder Halbebene $\sigma \geq \delta > 0$ absolut und gleichmässig konvergent und stellt folglich für $\sigma > 0$ eine reguläre Funktion von s dar. Wir können also $\zeta(s)$ zu einer in der Halbebene $\sigma > 0$ meromorphen Funktion fortsetzen, die als einzige Singularität einen Pol erster Ordnung mit Residuum 1 in $s = 1$ besitzt.

Charaktere. Ein Charakter χ der Gruppe G ist eine komplexwertige, nicht identisch verschwindende Funktion der Gruppenelemente mit der Eigenschaft:

$$\chi(AB) = \chi(A)\cdot\chi(B) \qquad \text{für alle } A,B \in G.$$

Im folgenden sei E das Neutralelement von G. Die Charaktere von G haben folgende wichtige Eigenschaften:

(1) $\chi(A) \neq 0$ für jedes A. Aus $\chi(A) = 0$ würde nämlich folgen: $\chi(A)\chi(A^{-1}) = \chi(AA^{-1}) = \chi(E) = 0$, d.h. $\chi(C) = \chi(E)\chi(C) = 0$ für jedes C, im Widerspruch zur Definition eines Charakters. Aus dieser Ueberlegung folgt auch, dass $\chi(E) = 1$.

(2) Hat die Gruppe G die Ordnung h, so ist $A^h = E$ für jedes $A \in G$. Somit ist $\chi(A)^h = \chi(A^h) = \chi(E) = 1$, d.h. $\chi(A)$ ist eine h-te Einheitswurzel. Der Charakter χ_1, definiert durch $\chi_1(A) = 1$ für alle $A \in G$, heisst Hauptcharakter der Gruppe G.

(3) Eine abelsche Gruppe der Ordnung h besitzt genau h verschiedene Charaktere.

Wir zeigen zuerst, dass (3) für zyklische Gruppen richtig ist. Eine Gruppe H ist zyklisch, wenn sie aus den Potenzen $A, A^2, \ldots, A^r = E$ eines einzigen Elementes A besteht. A heisst dann erzeugendes Element von H. Die <u>Ordnung</u> r von H ist die kleinste positive ganze Zahl, für welche $A^r = E$.

Sei nun χ ein Charakter der zyklischen Gruppe H. Es gilt:

(a) χ ist vollständig bestimmt durch den Wert $\chi(A)$, denn es ist $\chi(A^n) = \big(\chi(A)\big)^n$.

(b) Aus $A^r = E$ folgt $\big(\chi(A)\big)^r = 1$, d.h. $\chi(A)$ ist eine r-te Einheitswurzel.

(c) Ist ϱ eine r-te Einheitswurzel, so kann durch $\chi(A) = \varrho$ (d.h. $\chi(A^n) = \varrho^n$) ein Charakter definiert werden, denn aus $A^{a_1}A^{a_2} = A^{a_3}$ folgt $a_1 + a_2 \equiv a_3 \pmod r$, also auch $\varrho^{a_1}\cdot\varrho^{a_2} = \varrho^{a_3}$.

Weil es nur r verschiedene r-te Einheitswurzeln gibt, folgt aus (a) und (b), dass es höchstens r verschiedene Charaktere von H geben kann; aus (c) folgt, dass es mindestens r Charaktere gibt.

Wir beweisen nun (3) für eine beliebige abelsche Gruppe G mit Hilfe des folgenden Satzes: Jede endliche multiplikative abelsche Gruppe ist direktes Produkt von zyklischen Gruppen. Es sei also G als direktes Produkt $G_1 \times G_2 \times \ldots \times G_k$ von zyklischen Gruppen dargestellt. G_i habe die Ordnung r_i, und es sei A_i ein erzeugendes Element von G_i. Die Ordnung von G ist dann $h = r_1 r_2 \ldots r_k$, und jedes $A \in G$ lässt sich eindeutig darstellen in der Form

$$A = A_1^{t_1} A_2^{t_2} \ldots A_k^{t_k} ,$$

mit $0 \leqslant t_i \leqslant r_i - 1 \qquad (i = 1, 2, \ldots, k)$.

Für einen Charakter χ von G gilt:

$$\chi(A) = \chi(A_1)^{t_1} \cdot \chi(A_2)^{t_2} \dots \chi(A_k)^{t_k} .$$

Ist ϱ_i eine r_i-te Einheitswurzel, so gibt es genau einen Charakter χ von G, für welchen $\chi(A_i) = \varrho_i$ $(i = 1, 2, \dots, k)$. Weil ϱ_i genau r_i verschiedene Werte annehmen kann, besitzt G insgesamt $r_1 r_2 \dots r_k = h$ verschiedene Charaktere.

(4) Nach (1) ist $\chi(E) = 1$ für alle Charaktere χ von G. Wir wollen jetzt zeigen, dass es zu jedem $A \neq E$ einen Charakter χ gibt, mit $\chi(A) \neq 1$. Dazu benützen wir wieder den Satz von der Darstellbarkeit von G als direktes Produkt von zyklischen Gruppen. Wie in (3), sei

$$A = A_1^{t_1} \cdot A_2^{t_2} \cdot \dots A_k^{t_k} .$$

Für $A \neq E$ sind die t_i nicht alle Null. Es sei z.B. $t_1 \neq 0$. Wir setzen $\chi(A_2) = \chi(A_3) = \dots = \chi(A_k) = 1$ und $\chi(A_1) = \varrho$, wobei ϱ irgendeine <u>primitive</u> r_1-te Einheitswurzel ist. Es ist dann $\chi(A) = \varrho^{t_1} \neq 1$, denn ϱ ist primitiv und $0 < t_1 < r_1$.

(5) Die Charaktere von G bilden eine abelsche Gruppe $\hat{G}$. Unter dem Produkt $\chi'\chi''$ zweier Charaktere χ' und χ'' versteht man den Charakter χ, welcher durch die Forderung $\chi(A) = \chi'(A)\chi''(A)$, $\forall A \in G$, definiert wird. $\chi'\chi''$ ist tatsächlich ein Charakter, denn

$$\chi(AB) = \chi'(AB)\chi''(AB) = \chi'(A)\chi'(B)\chi''(A)\chi''(B) = \chi(A)\chi(B) .$$

Der Hauptcharakter χ_1 von G ist die Einheit von $\hat{G}$.

Der Inverse Charakter χ^{-1} von χ wird definiert durch $\chi^{-1}(A) = \chi(A^{-1})$; χ^{-1} ist tatsächlich ein Charakter, denn $\chi^{-1}(AB) = \chi\big((AB)^{-1}\big) = \chi(A^{-1})\chi(B^{-1}) = \chi^{-1}(A)\chi^{-1}(B)$.

Ferner erzeugt der in (4) betrachtete Charakter in $\hat{G}$ eine zyklische Untergruppe der Ordnung r_1. Analog gibt es in $\hat{G}$ zyklische Untergruppen der Ordnungen $r_2, \ldots, r_k$. Auf dieselbe Art und Weise, wie wir gezeigt haben, dass G genau h Charaktere besitzt, kann man auch beweisen, dass $\hat{G}$ direktes Produkt dieser zyklischen Untergruppen der Ordnungen $r_1, r_2, \ldots, r_k$ ist. Somit sind G und $\hat{G}$ isomorph.

Summen von Charakteren. Orthogonalitätsrelationen.

Wir betrachten die Summe

$$S = \sum_A \chi(A),$$

wobei A alle Elemente der Gruppe G durchläuft, und die Summe

$$T = \sum_\chi \chi(A),$$

wobei χ alle Charaktere der Gruppe G durchläuft.

Mit A durchläuft auch AB für festes $B \in G$ alle Elemente von G; somit ist

$$\chi(B) \cdot S = \sum_A \chi(AB) = \sum_A \chi(A) = S,$$

also $\big(\chi(B) - 1\big)S = 0$. Es ist also entweder $S = 0$, oder $S \neq 0$ und $\chi(B) = 1$ für jedes $B \in G$. Im letzten Fall ist $\chi = \chi_1$, der Hauptcharakter, und die Summe S hat den Wert h. Wir haben also

$$S = \sum_A \chi(A) = \begin{cases} h, \text{ falls } \chi = \chi_1, \\ 0, \text{ falls } \chi \neq \chi_1. \end{cases} \tag{2}$$

Wenn wir die Summe T mit $\chi'(A)$ multiplizieren (χ' beliebiger Charakter von G) so ergibt sich analog:

$$\chi'(A) \cdot T = \sum_{\chi} \chi(A)\chi'(A) = \sum_{\chi} \chi(A) = T.$$

Folglich ist entweder $T = 0$, oder $\chi'(A) = 1$ für jedes $A \in G$; wegen Eigenschaft (5) muss im zweiten Fall $A = E$, und somit $T = h$ sein. Wir haben also

$$T = \sum_{\chi} \chi(A) = \begin{cases} h, \text{ falls } A = E, \\ 0, \text{ falls } A \neq E. \end{cases} \tag{3}$$

Die Reziprozität von (2) und (3) ist eine Folgerung der Isomorphie der Gruppen G und $\hat{G}$.

Sei jetzt m eine positive ganze Zahl. Wir wissen, dass die $\varphi(m)$ primen Restklassen modulo m eine multiplikative abelsche Gruppe G der Ordnung $h = \varphi(m)$ bilden. Wir können also die Charaktere dieser Gruppe betrachten. Der Begriff des Charakters lässt sich aber von den primen Restklassen (mod m) auf die ganzen Zahlen selbst übertragen. Dazu setzen wir einfach

$$\chi(a) = \chi(A), \quad \text{falls } a \in A.$$

Offensichtlich ist $\chi(a) = \chi(b)$ falls $a \equiv b \pmod{m}$, und $\chi(ab) = \chi(a)\chi(b)$ falls $(a,m) = (b,m) = 1$. Es ist auch klar, dass $\chi(a) \neq 0$ falls $(a,m) = 1$, denn $\chi(A) \neq 0$ für jede prime Restklasse A.

Diese Charaktere sind zunächst nur für die zu m teilerfremden ganzen Zahlen definiert. Wir erweitern sie zu allen ganzen Zahlen, indem wir setzen

$$\chi(a) = 0 \quad \text{für } (a,m) > 1.$$

Ein "Charakter modulo m" ist also eine zahlentheoretische Funktion χ, mit den folgenden Eigenschaften:

$$\begin{aligned} \chi(a) &= \chi(b) \quad \text{falls} \quad a \equiv b \pmod{m}, \\ \chi(ab) &= \chi(a)\chi(b) \quad \text{für alle ganzen Zahlen } a,\ b, \\ \chi(a) &= 0 \quad \text{falls} \quad (a,m) > 1, \\ \chi(a) &\neq 0 \quad \text{falls} \quad (a,m) = 1. \end{aligned}$$

Es gibt $\varphi(m)$ Charaktere modulo m. Sie bilden eine multiplikative abelsche Gruppe, die isomorph zur Gruppe der primen Restklassen (mod m) ist. Die Einheit dieser Gruppe ist der Hauptcharakter χ_1. Dieser ist definiert durch $\chi_1(a) = 1$ für $(a,m) = 1$. Ferner gelten die beiden Beziehungen

$$\sum_{n \bmod m} \chi(n) = \begin{cases} \varphi(m), & \text{falls } \chi = \chi_1, \\ 0, & \text{falls } \chi \neq \chi_1, \end{cases} \tag{4}$$

und

$$\sum_{\chi} \chi(n) = \begin{cases} \varphi(m), & \text{falls } n \equiv 1 \pmod{m}, \\ 0, & \text{falls } n \not\equiv 1 \pmod{m}. \end{cases} \tag{5}$$

Beispiele

1.- Sei $m = 4$. Es gibt zwei prime Restklassen, nämlich die Klasse E der Zahlen $\equiv 1 \pmod 4$ und die Klasse A der Zahlen $\equiv 3 \pmod 4$. A und E bilden eine zyklische Gruppe der Ordnung 2. Es gibt zwei Charaktere χ_1 und χ_2:

$$\chi_1(E) = \chi_1(A) = 1 \qquad \text{(Hauptcharakter)},$$

und

$$\chi_2(E) = 1, \ \chi_2(A) = -1.$$

Ueberträgt man diese Charaktere auf die ganzen Zahlen, so erhält man:

$$\chi_1(n) = \begin{cases} 0, & \text{falls } n \text{ gerade,} \\ 1, & \text{falls } n \text{ ungerade,} \end{cases}$$

und

$$\chi_2(n) = \begin{cases} 0, & \text{falls } n \text{ gerade,} \\ 1, & \text{falls } n \equiv 1 \pmod 4, \\ -1, & \text{falls } n \equiv 3 \pmod 4. \end{cases}$$

Ferner ist:

$$\chi_1(1) + \chi_1(3) = 2\,, \qquad \chi_2(1) + \chi_2(3) = 0,$$
$$\chi_1(1) + \chi_2(1) = 2\,, \qquad \chi_1(3) + \chi_2(3) = 0.$$

2.- Sei $m = 5$. Die primen Restklassen sind E, A, A^2 und A^3, wobei A die Klasse der Zahlen $\equiv 2 \pmod 5$ ist. Es ist A^2 die Klasse der Zahlen $\equiv 4 \pmod 5$, A^3 die Klasse der Zahlen $\equiv 3 \pmod 5$, und E enthält alle Zahlen $\equiv 1 \pmod 5$. Die vier Charaktere sind durch die folgende Tabelle gegeben:

$$\chi_1(E) = \chi_1(A) = \chi_1(A^2) = \chi_1(A^3) = 1,$$
$$\chi_2(E) = 1,\ \chi_2(A) = i,\ \chi_2(A^2) = -1,\ \chi_2(A^3) = -i,$$
$$\chi_3(E) = 1,\ \chi_3(A) = -1,\ \chi_3(A^2) = 1,\ \chi_3(A^3) = -1,$$
$$\chi_4(E) = 1,\ \chi_4(A) = -i,\ \chi_4(A^2) = -1,\ \chi_4(A^3) = i.$$

3.- Zum Beweis der Formel: $\left(\frac{2}{p}\right) = (-1)^{(p^2-1)/8}$ für $p > 2$ (Satz V.2), wurde eine Funktion $\chi(n) = (-1)^{(n^2-1)/8}$ eingeführt; sie ist ein "Charakter modulo 8".

Dirichletsche Reihen

Wir betrachten Reihen von der Gestalt $\sum_{n=1}^{\infty} \frac{a_n}{n^s}$, wobei s komplex, $s = \sigma + it$, und die a_n ebenfalls komplexe Zahlen sind. Eine solche Reihe heisst eine Dirichletsche Reihe. Man kann allgemeiner Reihen der Form

$$\sum_{n=1}^{\infty} \frac{a_n}{\lambda_n^s} \quad \text{oder} \quad \sum_{n=1}^{\infty} a_n e^{-s\lambda_n}$$

betrachten, wobei $0 < \lambda_1 < \lambda_2 < \ldots$ und $\lambda_n \to \infty$. Die meisten Dirichletschen Reihen, die in der Zahlentheorie auftreten, sind jedoch von der Form $\sum a_n n^{-s}$. Die Konvergenzeigenschaften solcher Reihen werden durch den folgenden Satz beschrieben:

Satz 1: Konvergiert die Reihe $\sum_{n=1}^{\infty} \frac{a_n}{n^s}$ für $s = s_o$, so konvergiert sie gleichmässig im abgeschlossenen Winkelbereich $|\arg (s - s_o)| \leq \frac{\pi}{2} - \vartheta < \frac{\pi}{2}$.

Beweis: Wir können uns im folgenden auf den Fall $s_o = 0$ beschränken; denn es ist

$$\sum_{n=1}^{\infty} \frac{a_n}{n^s} = \sum_{n=1}^{\infty} \frac{a_n}{n^{s_o}} \cdot \frac{1}{n^{s-s_o}} = \sum_{n=1}^{\infty} \frac{b_n}{n^{s-s_o}} \quad ,$$

und diese Reihe konvergiert für $s - s_o = 0$. Wir nehmen nun also an, dass $\sum_{n=1}^{\infty} a_n$ konvergiert. Für $r_n = \sum_{\nu=n+1}^{\infty} a_\nu$ gilt dann $\lim_{n\to\infty} r_n = 0$. Es seien M und N positive ganze Zahlen mit $M < N$. Wir haben

$$\sum_{n=M}^{N} \frac{a_n}{n^s} = \sum_{n=M}^{N} \frac{r_{n-1}-r_n}{n^s} = \sum_{n=M}^{N} \left\{ \frac{r_n}{(n+1)^s} - \frac{r_n}{n^s} \right\} + \frac{r_{M-1}}{M^s} - \frac{r_N}{(N+1)^s}.$$

Für $\sigma > 0$ gilt die Abschätzung

$$\left|\frac{1}{(n+1)^s} - \frac{1}{n^s}\right| = \left|s\int_n^{n+1}\frac{dx}{x^{s+1}}\right| \leqslant |s|\int_n^{n+1}\frac{dx}{x^{\sigma+1}} = \frac{|s|}{\sigma}\left(\frac{1}{n^\sigma} - \frac{1}{(n+1)^\sigma}\right).$$

Ferner ist $|r_n| < \varepsilon$ für $n \geqslant n_o(\varepsilon)$; dabei ist die ganze Zahl n_o von s unabhängig. Somit gilt für $M > n_o$:

$$\left|\sum_{n=M}^{N}\frac{a_n}{n^s}\right| \leqslant \frac{\varepsilon|s|}{\sigma}\sum_{n=M}^{N}\left(\frac{1}{n^\sigma} - \frac{1}{(n+1)^\sigma}\right) + \frac{\varepsilon}{M^\sigma} + \frac{\varepsilon}{(N+1)^\sigma},$$

das heisst

$$\left|\sum_{n=M}^{N}\frac{a_n}{n^s}\right| \leqslant \frac{\varepsilon|s|}{\sigma}\left(\frac{1}{M^\sigma} - \frac{1}{(N+1)^\sigma}\right) + \frac{\varepsilon}{M^\sigma} + \frac{\varepsilon}{(N+1)^\sigma}.$$

Für $\sigma > 0$ und $M > n_o(\varepsilon)$ erhält man also:

$$\left|\sum_{n=M}^{N}\frac{a_n}{n^s}\right| < \frac{2\varepsilon|s|}{\sigma} + \frac{\varepsilon}{M^\sigma} + \frac{\varepsilon}{(N+1)^\sigma} < 2\varepsilon\left(\frac{|s|}{\sigma} + 1\right).$$

Es bleibt noch die gleichmässige Konvergenz nachzuweisen. Dazu bemerken wir, dass

$$\frac{|s|}{\sigma} = \frac{1}{\cos|\arg s|} \leqslant \frac{1}{\cos\left(\frac{\pi}{2}-\vartheta\right)} = \frac{1}{\sin\vartheta},$$

d.h. für jedes s mit $|\arg s| \leqslant \frac{\pi}{2} - \vartheta < \frac{\pi}{2}$ ist:

$$\left|\sum_{n=M}^{N}\frac{a_n}{n^s}\right| < 2\varepsilon(\operatorname{cosec}\vartheta + 1).$$

Damit ist Satz 1 bewiesen.

Aus diesem Beweis sieht man ferner: Konvergiert $\sum \frac{a_n}{n^s}$ für $s = \sigma_o + it_o$, so auch für alle $s = \sigma + it$ mit $\sigma > \sigma_o$. Es gilt also der

<u>Satz 2</u>: Konvergiert die Reihe $\sum_{n=1}^{\infty} \frac{a_n}{n^s}$ für $s = s_o$, so konvergiert sie in der ganzen offenen Halbebene $\sigma > \sigma_o$. Die Konvergenz ist gleichmässig auf jeder kompakten Teilmenge dieser Halbebene.

Aus der gleichmässigen Konvergenz ergibt sich:

<u>Satz 3</u>: Die Reihe $\sum_{n=1}^{\infty} \frac{a_n}{n^s}$ konvergiere für $s = s_o$ gegen $f(s_o)$. Bezeichnet $f(s)$ ihre Summenfunktion in der Halbebene $\sigma > \sigma_o$, so strebt $f(s) \to f(s_o)$, wenn $s \to s_o$ längs eines beliebigen Weges im Bereich $|\arg(s-s_o)| \leq \frac{\pi}{2} - \vartheta < \frac{\pi}{2}$.

Aus Satz 2 folgt, dass der Konvergenzbereich einer Dirichletschen Reihe eine Halbebene ist. Denn die Punkte der reellen Achse werden in zwei Klassen eingeteilt, nämlich

$$U = \left\{\sigma \middle| \sum \frac{a_n}{n^s} \text{ konvergent}\right\}$$

und

$$L = \left\{\sigma \middle| \sum \frac{a_n}{n^s} \text{ divergent}\right\}.$$

Jede Zahl aus U ist grösser als alle Zahlen aus L. Es wird somit eine reelle Zahl σ_o bestimmt mit der Eigenschaft, dass die Reihe für $\sigma < \sigma_o$ divergiert und für $\sigma > \sigma_o$ konvergiert. Das Verhalten auf der Grenzgeraden $\sigma = \sigma_o$ bleibt offen.

Die Zahl σ_o heisst <u>Konvergenzabszisse</u>, die Gerade $\sigma = \sigma_o$ <u>Konvergenzgerade</u> und die Halbebene $\sigma > \sigma_o$ <u>Konvergenzhalbebene</u> der Dirichletschen Reihe.

Die Reihe $\sum \frac{n!}{n^s}$ konvergiert nirgends (wir setzen $\sigma_o = +\infty$), während $\sum \frac{1}{n!n^s}$ überall konvergiert (wir setzen $\sigma_o = -\infty$).

Aus Satz 1 und dem Satz von Weierstrass folgt der

Satz 4: Die Dirichletsche Reihe $\sum \frac{a_n}{n^s}$ stellt in ihrer Konvergenzhalbebene eine reguläre analytische Funktion von s dar. Die Ableitungen dieser Funktion können durch gliedweise Differentiation erhalten werden.

Die Konvergenz der Reihe und die Regularität ihrer Summenfunktion auf der Konvergenzgeraden bleiben unbestimmt. Auf der Konvergenzgeraden einer Dirichletschen Reihe liegt nicht notwendigerweise eine Singularität der durch diese Reihe definierten analytischen Funktion (hingegen liegt immer mindestens eine Singularität auf dem Rande des Konvergenzkreises einer Potenzreihe). Wie bei Potenzreihen, folgt aus der Konvergenz oder Divergenz einer Dirichletschen Reihe in einem bestimmten Punkt auf der Konvergenzgeraden im allgemeinen nichts über die Regularität der Summenfunktion in diesem Punkt. Wir werden bald auf diese Frage zurückkommen.

Die absolute Konvergenz einer Dirichletschen Reihe

Die Reihe $\sum \frac{a_n}{n^s}$ ist dann und nur dann absolut konvergent, wenn $\sum \frac{|a_n|}{n^\sigma}$ konvergiert. Unter der absoluten Konvergenzabszisse $\bar{\sigma}$ der Reihe $\sum \frac{a_n}{n^s}$ verstehen wir die Konvergenzabszisse von $\sum \frac{|a_n|}{n^s}$.

Offensichtlich ist $\bar{\sigma} \geq \sigma_o$, denn aus der absoluten Konvergenz folgt die Konvergenz schlechthin. Es kann aber einen Streifen der komplexen Ebene geben, in welchem die Dirichletsche Reihe nur bedingt konvergiert; dieser Streifen, $\sigma_o \leq \sigma \leq \bar{\sigma}$, heisst der Streifen bedingter Konvergenz.

Als Beispiel betrachten wir

$$\sum_{n=1}^{\infty} \frac{(-1)^{n-1}}{n^s} .$$

Diese Reihe konvergiert für reelle $s > 0$ (alternierende Reihe mit abnehmenden Gliedern); sie ist offenbar divergent für reelle $s < 0$. Folglich ist $\sigma_o = 0$. Die Reihe ist aber für $\sigma > 1$ absolut konvergent und für $\sigma < 1$ absolut divergent, d.h. $\overline{\sigma} = 1$. Der Streifen bedingter Konvergenz hat in unserem Beispiel also die Breite 1.

Es ist interessant zu bemerken, dass

$$\sum_{n=1}^{\infty} \frac{(-1)^{n-1}}{n^s} = \left(1 - 2^{1-s}\right) \zeta(s) \quad \text{für} \quad \sigma > 0. \tag{6}$$

Dies ergibt sich wie folgt: Die Reihe darf für $\sigma > 1$ umgeordnet werden, denn sie ist für $\sigma > 1$ absolut konvergent. Es ist also:

$$\sum \frac{(-1)^{n-1}}{n^s} = \left(\frac{1}{1^s} + \frac{1}{2^s} + \frac{1}{3^s} + \ldots\right) - 2\left(\frac{1}{2^s} + \frac{1}{4^s} + \frac{1}{6^s} + \ldots\right),$$

das heisst

$$\sum \frac{(-1)^{n-1}}{n^s} = \left(1 - 2^{1-s}\right) \zeta(s) \quad \text{für} \quad \sigma > 1.$$

Weil aber $\sum \frac{(-1)^{n-1}}{n^s}$ für $\sigma > 0$ konvergiert, und $\left(1 - 2^{1-s}\right) \zeta(s)$ für $\sigma > 0$ regulär ist (der Pol erster Ordnung von $\zeta(s)$ bei $s=1$ wird durch die Nullstelle von $1 - 2^{1-s}$ aufgehoben), stellt die Reihe (6) auch für $\sigma > 0$ die Funktion $\left(1 - 2^{1-s}\right) \zeta(s)$ dar (Prinzip der analytischen Fortsetzung).

Wir haben gesehen, dass der Streifen bedingter Konvergenz der Reihe (6) die Breite 1 hat. Wir wollen nun zeigen: Der Streifen bedingter Konvergenz hat die maximale Breite 1. Ist also eine Dirichletsche Reihe $\sum \frac{a_n}{n^s}$ für ein gewisses s konvergent, so erhalten wir eine absolut konvergente Reihe, wenn wir den Realteil von s um 1 vergrössern.

Satz 5: Für jede Reihe $\sum \frac{a_n}{n^s}$ gilt $\bar{\sigma} - \sigma_0 \leq 1$.

Beweis: Ist $\sum \frac{a_n}{n^s}$ konvergent, so gilt $\lim\limits_{n\to\infty} \frac{|a_n|}{n^\sigma} = 0$, und folglich ist die Reihe $\sum \frac{|a_n|}{n^{\sigma+1+\varepsilon}}$ für $\varepsilon > 0$ konvergent.

Dieser Satz gilt nicht für Reihen der Form $\sum a_n \lambda_n^{-s}$ oder $\sum a_n e^{-s\lambda_n}$, wie die folgenden Beispiele zeigen:

$\sum \frac{(-1)^n}{(\log n)^s}$ konvergiert für $\sigma > 0$ (alternierende Reihe mit abnehmenden Gliedern), aber nirgends absolut;

$\sum \frac{(-1)^n}{n(\log n)^s}$ konvergiert für alle s, aber nirgends absolut.

Wir beschäftigen uns nun mit dem Verhalten der Summenfunktion einer Dirichletschen Reihe $\sum \frac{a_n}{n^s}$ auf der Konvergenzgeraden. Sind sämtliche Koeffizienten a_n reel und nicht-negativ, so gilt der folgende

Satz 6 (Landau): Ist $a_n \geq 0$ für alle n, so ist der Schnittpunkt der reellen Achse mit der Konvergenzgeraden eine Singularität der durch die Reihe $\sum \frac{a_n}{n^s}$ in der Konvergenzhalbebene definierten regulären Funktion $f(s)$.

<u>Beweis</u>: Aus $a_n \geq 0$ folgt $\overline{\sigma} = \sigma_o$. Wir dürfen $\sigma_o = 0$ annehmen und wollen zeigen, dass $s = 0$ eine Singularität von $f(s)$ ist. Wäre $f(s)$ in $s = 0$ regulär, so hätte die Taylor-Reihe von f um den Punkt $s = 1$ einen Konvergenzradius $\varrho > 1$; denn der Rand des Konvergenzkreises enthält mindestens eine Singularität. Es gäbe also ein reelles $s < 0$ für welches die genannte Taylor-Reihe, nämlich

$$\sum_{\nu=0}^{\infty} \frac{(s-1)}{\nu!} f^{(\nu)}(1) ,$$

konvergieren würde. Es ist aber

$$f(s) = \sum_{n=1}^{\infty} a_n e^{-s \log n} ,$$

also wegen Satz 4

$$f^{(\nu)}(s) = \sum_{n=1}^{\infty} a_n \frac{(-\log n)^{\nu}}{n^s} ,$$

und somit

$$f^{(\nu)}(1) = \sum_{n=1}^{\infty} a_n \frac{(-\log n)^{\nu}}{n} .$$

Die Taylor-Reihe von f um $s = 1$ ist also

$$\sum_{\nu=0}^{\infty} \frac{(s-1)^{\nu}}{\nu!} \sum_{n=1}^{\infty} \frac{a_n(-\log n)^{\nu}}{n} = \sum_{\nu=0}^{\infty} \frac{(1-s)^{\nu}}{\nu!} \sum_{n=1}^{\infty} \frac{a_n(\log n)^{\nu}}{n} .$$

Alle Glieder dieser Doppelreihe sind positiv. Man darf daher die Summationsreihenfolge vertauschen. Es ergibt sich

$$f(s) = \sum_{n=1}^{\infty} \frac{a_n}{n} \sum_{\nu=0}^{\infty} \frac{(1-s)^{\nu}(\log n)^{\nu}}{\nu!} .$$

Aber

$$\sum_{\nu=0}^{\infty} \frac{(1-s)^{\nu}(\log n)^{\nu}}{\nu!} = e^{(1-s)\log n} ,$$

somit ist

$$f(s) = \sum_{n=1}^{\infty} \frac{a_n}{n^s} .$$

Diese Reihe wäre also für ein reelles negatives s konvergent. Dies ist aber wegen $\sigma_o = 0$ unmöglich. Es ist deshalb $s = 0$ eine Singularität von $f(s)$, wie behauptet wurde.

Die Multiplikation von Dirichletschen Reihen

Als formales Produkt der Reihen $\sum_k \frac{a_k}{k^s}$ und $\sum_m \frac{b_m}{m^s}$ erklärt man die Reihe $\sum_n \frac{c_n}{n^s}$ mit den Koeffizienten $c_n = \sum_{km=n} a_k b_m$. Sind die beiden Reihen für ein gewisses s absolut konvergent, so darf man sie ausmultiplizieren und umordnen. Man bekommt somit eine absolut konvergente Produktreihe $\sum \frac{c_n}{n^s}$.

Es sei nun für $\sigma > \sigma_o$

$$f(s) = \sum_k \frac{a_k}{k^s} \quad \text{und} \quad g(s) = \sum_m \frac{b_m}{m^s} \quad .$$

Ferner sei die Funktion $h(s) = f(s)g(s)$ in einer Halbebene $\sigma > \sigma_1$ durch die Dirichletsche Reihe $h(s) = \sum_n \frac{d_n}{n^s}$ darstellbar. Ist diese Reihe das Produkt der Reihen von $f(s)$ und $g(s)$? Ja, denn die Darstellung einer Funktion durch eine Dirichletsche Reihe ist eindeutig. Dies zeigt der folgende Satz.

Satz 7: Konvergieren die Dirichletschen Reihen $\sum_{n=1}^{\infty} \frac{a_n}{n^s}$ und $\sum_{n=1}^{\infty} \frac{b_n}{n^s}$ in einer gemeinsamen Halbebene, und sind ihre Summenfunktionen auf einer kompakten Menge dieser Halbebene gleich, so ist $a_n = b_n$ für alle n.

Beweis: Wir bilden die Dirichletsche Reihe $\sum_{n=1}^{\infty} \frac{a_n - b_n}{n^s}$.

Sie konvergiert in einer gewissen Halbebene $\sigma > \sigma_o$, und definiert dort eine reguläre analytische Funktion. Diese Funktion verschwindet auf einer kompakten, in dieser Halbebene enthaltenen Menge. Folglich ist sie identisch Null in der ganzen Halbebene $\sigma > \sigma_o$.

Sei jetzt M der erste Index n derart, dass $a_n \neq b_n$. Wir setzen $a_n - b_n = c_n$. Für $\sigma > \sigma_o$ gilt dann

$$\sum_{n=1}^{\infty} \frac{c_n}{n^\sigma} = \sum_{n=M}^{\infty} \frac{c_n}{n^\sigma} = 0 \text{ , oder } \quad \frac{c_M}{M^\sigma} = - \sum_{M+1}^{\infty} \frac{c_n}{n^\sigma} \quad .$$

Die Reihe $\sum \frac{c_n}{n^{\sigma_o+1}}$ konvergiert. Somit gilt $|c_n| < Kn^{\sigma_o+1}$, wobei K von n unabhängig ist. Daraus folgt für $\sigma > \sigma_o + 2$:

$$\left| \sum_{M+1}^{\infty} \frac{c_n}{n^{\sigma}} \right| < K \sum_{M+1}^{\infty} n^{-(\sigma-\sigma_o-1)} < K \int_M^{\infty} \frac{dx}{x^{\sigma-\sigma_o-1}} = \frac{K}{(\sigma-\sigma_o-2)M^{\sigma-\sigma_o-2}} \quad .$$

Folglich besteht für $\sigma > \sigma_o + 2$ die Ungleichung

$$|c_M| < \frac{K}{\sigma-\sigma_o-2} \cdot \frac{M^{\sigma}}{M^{\sigma-\sigma_o-2}} = \frac{K\, M^{\sigma_o+2}}{\sigma-\sigma_o-2} \quad .$$

Da σ beliebig gross gewählt werden kann, muss $c_M = 0$ sein, im Widerspruch zur Definition von M. Also ist $c_n = 0$ für alle n.

Der Dirichletsche Satz

Wir wollen nun unsere Kentnisse über Dirichletsche Reihen und Charaktere anwenden auf Reihen der Gestalt

$$\sum_{n=1}^{\infty} \frac{\chi(n)}{n^s} \, , \qquad s = \sigma + it \tag{7}$$

(χ Charakter mod m). Es gibt $\varphi(m)$ solche Reihen. Weil $|\chi(n)| \leq 1$ ist, konvergiert die Reihe (7) für $\sigma > 1$; dies ergibt sich durch Vergleich mit der Reihe von $\zeta(s)$. Wir bezeichnen die durch die Dirichletsche Reihe (7) definierte analytische Funktion mit $L(s,\chi)$.

Um das Verhalten der Reihen (7) in der Halbebene $\sigma > 0$ näher zu untersuchen, trennen wir die Fälle $\chi = \chi_1$ (Hauptcharakter) und $\chi \neq \chi_1$.

(1) Es sei $\underline{\chi \neq \chi_1}$. Die Reihe (7) konvergiert in der Halbebene $\sigma > 0$. Dies folgt aus der Tatsache, dass die Partialsummen $\sum_{n=x} \chi(n)$ für $\chi \neq \chi_1$ beschränkt sind: Man teile die ganzen Zahlen von 1 bis $[x]$ in Restklassen (mod m) ein, und schreibe $[x] = mq + r$, mit $0 \leqslant r \leqslant m - 1$. Es ist

$$\sum_{n\leqslant x} \chi(n) = \sum_{n=1}^{[x]} \chi(n) = \left\{ \sum_{1}^{m} + \sum_{m+1}^{2m} + \ldots + \sum_{m(q-1)+1}^{mq} \right\} \chi(n) + \sum_{mq+1}^{mq+r} \chi(n),$$

und folglich gilt, wegen der Orthogonalitätsrelation (4):

$$\sum_{n\leqslant x} \chi(n) = \sum_{mq+1}^{mq+r} \chi(n).$$

Daraus ergibt sich

$$\left| \sum_{n\leqslant x} \chi(n) \right| \leqslant \sum_{mq+1}^{mq+r} |\chi(n)| \leqslant r < m,$$

also ist $\sum_{n\leqslant x} \chi(n)$ für jedes x beschränkt.

Es gilt allgemein: Ist $\left| \sum_{n\leqslant x} a_n \right| < C$ für alle x, und ist $\varepsilon_1 \geqslant \varepsilon_2 \geqslant \ldots \to 0$, so konvergiert die Reihe $\sum_{n=1}^{\infty} a_n \varepsilon_n$; denn mit $A(n) = \sum_{\nu=1}^{n} a_\nu$ ist

$$\left|\sum_{n=M}^{N} a_n \varepsilon_n\right| = \left|\sum_{M}^{N} \bigl(A(n) - A(n-1)\bigr)\varepsilon_n\right|$$

$$= \left|\sum_{M}^{N-1} (\varepsilon_n - \varepsilon_{n+1}) A(n) + A(N)\varepsilon_N - A(M-1)\varepsilon_M\right|$$

$$< C\left\{\sum_{M}^{N-1} (\varepsilon_n - \varepsilon_{n+1}) + \varepsilon_N + \varepsilon_M\right\} = 2C\varepsilon_M ,$$

und $\varepsilon_M \to 0$ für $M \to \infty$.

Weil $n^{-\sigma}$ für $\sigma > 0$ mit $n \to \infty$ monoton abnimmt, ergibt sich aus der obigen Ueberlegung, dass die Reihe $\sum \frac{\chi(n)}{n^s}$ für $\sigma > 0$ in den Fällen $\chi \neq \chi_1$ konvergiert. Für $\sigma < 0$ ist sie offenbar divergent. Ihre Konvergenzabszisse σ_o ist also 0, und die absolute Konvergenzabszisse $\overline{\sigma}$ ist 1. Nach Satz 4 ist $L(s,\chi)$, $\chi \neq \chi_1$, eine für $\sigma > 0$ reguläre analytische Funktion.

(2) $\underline{\chi = \chi_1}$. Um diesen Fall zu behandeln, verwenden wir nochmals die Darstellung

$$\zeta(s) = \sum_{n=1}^{\infty} \frac{1}{n^s} = \prod_p \left(1 - p^{-s}\right)^{-1} \qquad (\sigma > 1).$$

Ferner ist jeder Charakter χ eine vollständig multiplikative zahlentheoretische Funktion; deshalb gilt, nach Satz VII.5, für alle χ, die Identität

$$L(s,\chi) = \sum_{n=1}^{\infty} \frac{\chi(n)}{n^s} = \prod_p \left(1 - \frac{\chi(p)}{p^s}\right)^{-1} \qquad (\sigma > 1). \tag{8}$$

Wir wissen, dass für den Hauptcharakter χ_1 mod m gilt

$$\chi_1(a) = \begin{cases} 1, & \text{falls } (a,m) = 1, \\ 0, & \text{falls } (a,m) > 1. \end{cases}$$

In (8) eingesetzt ergibt dies:

$$L(s,\chi_1) = \prod_{p \nmid m} (1 - p^{-s})^{-1} = \prod_{p} (1 - p^{-s})^{-1} \cdot \prod_{p \mid m} (1 - p^{-s}),$$

das heisst

$$L(s,\chi_1) = \zeta(s) \prod_{p \mid m} (1 - p^{-s}) \qquad (\sigma > 1). \tag{9}$$

Die Funktion $\zeta(s)$ kann meromorph in die ganze Halbebene $\sigma > 0$ fortgesetzt werden. Sie besitzt in dieser Halbebene als einzige Singularität einen Pol erster Ordnung mit dem Residuum 1 bei $s = 1$. Folglich ist auch $L(s,\chi_1)$ für $\sigma > 0$ mit Ausnahme des Punktes $s = 1$ regulär. Der einfache Pol von $L(s,\chi_1)$ in $s = 1$ hat das Residuum $\prod_{p \mid m} (1 - p^{-1})$.

Zum Beweis des Dirichletschen Satzes brauchen wir den folgenden

<u>Hilfssatz</u>: für $\chi \neq \chi_1$ ist $L(1,\chi) \neq 0$.

<u>Beweis:</u> Wegen (9) genügt es zu zeigen, dass das Produkt

$$P(s) = \prod_{\chi} L(s,\chi)$$

für $\sigma > 0$ nicht regulär ist (χ durchlaufe alle Charaktere mod m); denn wäre $L(1,\chi) = 0$ für mindestens einen $\chi \neq \chi_1$, so wäre $P(s)$ für $\sigma > 0$ regulär.

Für $\sigma > 1$ gilt die Produktdarstellung (8). Wir betrachten $\log L(s,\chi)$ und wählen für den Logarithmus denjenigen Zweig, der für reelle $s > 1$ reell ist. Es ist dann

$$\log L(s,\chi) = \sum_p \log \left(1 - \frac{\chi(p)}{p^s}\right)^{-1}.$$

Weil $|\chi(p)p^{-s}| = p^{-\sigma} < 1$, kann der Logarithmus entwickelt werden, und wir bekommen somit die folgende Doppelreihe für $\log L(s,\chi)$:

$$\log L(s,\chi) = \sum_{p,k} \frac{\chi(p^k)}{kp^{ks}} ; \qquad (10)$$

dabei durchläuft p alle Primzahlen und k alle positiven ganzen Zahlen. Diese Doppelreihe ist für $\sigma > 1$ absolut konvergent. Nun lassen wir χ alle Charaktere mod m durchlaufen, und bilden die Summe der entsprechenden $\log L(s,\chi)$:

$$Q(s) = \log P(s) = \sum_\chi \log L(s,\chi) = \sum_\chi \sum_{p,k} \frac{\chi(p^k)}{kp^{ks}} .$$

Es gibt nur endlich viele χ, also dürfen wir die Reihenfolge der Summation vertauschen:

$$Q(s) = \sum_{p,k} \frac{1}{kp^{ks}} \sum_\chi \chi(p^k).$$

Wir wissen bereits, dass

$$\sum_\chi \chi(a) = \begin{cases} \varphi(m), & \text{falls } a \equiv 1 \pmod m, \\ 0 & \text{sonst.} \end{cases}$$

Daraus folgt:

$$Q(s) = \varphi(m) \sum_{p^k \equiv 1 \pmod m} \frac{1}{kp^{ks}} . \tag{11}$$

Die Reihe (11) kann als Dirichletsche Reihe geschrieben werden. Dazu definieren wir:

$$a_n = \begin{cases} \varphi(m)/k, \text{ falls } n = p^k \equiv 1 \pmod m, \\ 0 \quad \text{sonst.} \end{cases}$$

Es ist dann

$$Q(s) = \sum_{n=1}^{\infty} \frac{a_n}{n^s}$$

eine Dirichletsche Reihe mit nichtnegativen Koeffizienten a_n. Wir wissen, dass sie für $\sigma > 1$ konvergiert; wie gross ist ihre Konvergenzabszisse ?

Sei p eine Primzahl mit $p \nmid m$. Aus dem Eulerschen Satz II.2 folgt dann, dass $p^h \equiv 1 \pmod m$, wobei $h = \varphi(m)$. Nun betrachten wir die Reihe (11) für <u>reelle</u> s und nehmen nur diejenigen Glieder, für welche $k = h$ ist. Dann gilt

$$Q(s) > \sum_{p \nmid m} \frac{1}{p^{hs}} .$$

Setzen wir jetzt $s = 1/h$, so erhalten wir

$$Q(s) > \sum_{p \nmid m} \frac{1}{p} = \sum_{p} \frac{1}{p} - \sum_{p \mid m} \frac{1}{p} .$$

Daraus folgt die Divergenz von (11) für $s = 1/h$, denn $\sum_p \frac{1}{p}$ divergiert und $\sum_{p \mid m} \frac{1}{p}$ ist endlich. Wir sehen damit:

Ist α die Konvergenzabszisse der Dirichletschen Reihe von $Q(s)$, so ist $\alpha \geq 1/h$.

Es ist

$$P(s) = e^{Q(s)} = 1 + Q(s) + \frac{Q^2(s)}{2!} + \ldots \qquad (12)$$

Das Produkt zweier konvergenter Dirichletscher Reihen mit nichtnegativen Koeffizienten ist wieder eine Dirichletsche Reihe mit nichtnegativen Koeffizienten, die in einer gewissen Halbebene konvergiert. Mit $Q(s)$ sind also auch alle Potenzen $Q^n(s)$ absolut konvergent, und die Reihe von $P(s)$ in (12) darf deshalb zu einer Dirichletschen Reihe umgeordnet werden. Diese Reihe hat nichtnegativen Koeffizienten.

Konvergiert $Q(s)$, so auch $e^{Q(s)} = P(s)$. Umgekehrt zieht die Konvergenz von $P(s) = e^{Q(s)}$ diejenige von $Q(s)$ nach sich ($Q(s)$ hat nichtnegative Koeffizienten, und ist ein Teil von $P(s)$).

Folglich besitzt die (eindeutige) Dirichletsche Reihe von $P(s)$ dieselbe Konvergenzabszisse $\sigma_0 = \alpha$ wie die Reihe von $Q(s)$. Nach Satz 6 ist $s = \alpha$ eine Singularität der Funktion $P(s)$. Wir wissen aber, dass $\alpha \geq 1/h > 0$. Die Funktion $P(s)$ ist deshalb nicht in der ganzen Halbebene $\sigma > 0$ regulär. Unser Hilfssatz ist damit bewiesen.

Nebenbei bemerken wir, dass $\alpha = 1$; denn die einzig mögliche Singularität des Produktes $P(s) = \prod_{\chi} L(s,\chi)$ in der Halbebene $\sigma > 0$ kann durch den Pol von $L(s,\chi_1)$ in $s = 1$ verursacht werden.

Wir sind jetzt in der Lage, den Dirichletschen Satz zu beweisen:

<u>Satz 8</u> **(Dirichlet):** Ist $(a,m) = 1$, so gibt es unendlich viele Primzahlen $p \equiv a \pmod{m}$.

<u>Beweis</u>: Satz 8 ist bewiesen, wenn wir zeigen können, dass die Reihe $\sum \frac{1}{p}$, summiert über alle Primzahlen $p \equiv a \pmod{m}$, divergiert. Zu diesem Zweck betrachten wir wieder die Funktion $\log L(s,\chi)$.

Für $\sigma > 1$ gilt (10):

$$\log L(s,\chi) = \sum_p \sum_{k=1}^{\infty} \frac{\chi(p^k)}{kp^{ks}} .$$

Wir trennen die Glieder mit $k = 1$ von den Gliedern mit $k > 1$, und erhalten

$$\log L(s,\chi) = \sum_p \chi(p)p^{-s} + R(s,\chi), \tag{13}$$

wobei

$$R(s,\chi) = \sum_p \sum_{k=2}^{\infty} \frac{\chi(p^k)}{kp^{ks}} .$$

Die Funktion $R(s,\chi)$ ist für $\sigma > \frac{1}{2}$ regulär; denn

$$|R(s,\chi)| \leq \sum_p \left(\frac{1}{2p^{2\sigma}} + \frac{1}{3p^{3\sigma}} + \dots\right)$$

$$< \sum_p \frac{1}{2p^{2\sigma}} \left(1 + \frac{1}{p^{\sigma}} + \frac{1}{p^{2\sigma}} + \dots\right) = \frac{1}{2}\sum_p \frac{1}{p^{2\sigma}} \left(1 - \frac{1}{p^{\sigma}}\right)^{-1} .$$

Für $\sigma > \frac{1}{2}$ gilt $\left(1 - \frac{1}{p^{\sigma}}\right)^{-1} < \left(1 - \frac{1}{2^{\sigma}}\right)^{-1} < 4$, also

$$|R(s,\chi)| < 2\zeta(2\sigma) \quad \text{für } \sigma > \frac{1}{2} .$$

Nun betrachten wir die erste Reihe in (13), nämlich $\sum_p \chi(p)p^{-s}$. Weil $(a,m) = 1$, gibt es eine ganze Zahl b mit der Eigenschaft, dass $ab \equiv 1 \pmod m$. Wir multiplizieren (13) mit $\chi(b)$, summieren über alle Charaktere $\chi \bmod m$ und erhalten

$$\sum_\chi \chi(b) \log L(s,\chi) = \sum_p \sum_\chi \chi(bp)p^{-s} + \sum_\chi \chi(b)R(s,\chi).$$

Wegen $|\chi(b)| = 1$, ist auch $R'(s) = \sum_\chi \chi(b)R(s,\chi)$ für $\sigma > \frac{1}{2}$ regulär. Ferner ist

$$\sum_\chi \chi(bp) = \begin{cases} h, \text{ falls } bp \equiv 1 \pmod m, \\ 0 \quad \text{sonst.} \end{cases}$$

Ist $ab \equiv 1 \pmod m$, so sind $bp \equiv 1 \pmod m$ und $p \equiv a \pmod m$ äquivalente Aussagen. Wir haben daher

$$\sum_\chi \chi(b) \log L(s,\chi) = h \sum_{p \equiv a \,(\mathrm{mod}\, m)} p^{-s} + R'(s). \tag{14}$$

Wir lassen jetzt s längs der reellen Achse gegen $1 + 0$ streben: $s \to 1 + 0$. Die linke Seite von (14) strebt dabei gegen ∞; denn $L(s,\chi_1) \to \infty$ für $s \to 1 + 0$, während für $\chi \neq \chi_1$ die Funktionen $L(s,\chi)$ in der Halbebene $\sigma > 0$ regulär sind und $L(1,\chi) \neq 0$. Ferner ist $R'(s)$ für $\sigma > \frac{1}{2}$ regulär.

Folglich gilt $\sum_{p \equiv a \,(\mathrm{mod}\, m)} \frac{1}{p^s} \to \infty$ für $s \to 1 + 0$ und daraus folgt, nach Satz 2, dass $\sum_{p \equiv a \,(\mathrm{mod}\, m)} \frac{1}{p}$ divergiert.

KAPITEL XI. - DER PRIMZAHLSATZ

Im vorhergehenden Kapitel haben wir die Dirichletschen Funktionen $L(s,\chi)$ betrachtet. Wir zeigten, dass $L(1,\chi) \neq 0$ für $\chi \neq \chi_1$ und folgerten daraus, dass jede arithmetische Reihe $a + bm$ mit $b > 0$ und $(a,b) = 1$ unendlich viele Primzahlen enthält.

Jetzt kehren wir zur Funktion $\zeta(s)$ zurück, und zeigen, dass das Verhalten dieser Funktion auf der Linie $\sigma = 1$ eine wichtige Eigenschaft der Primzahlen zufolge hat. Wir werden nämlich beweisen, dass $\zeta(1 + it) \neq 0$ für alle t gilt, und daraus den Primzahlsatz ableiten. Wir werden sogar zeigen, dass die Eigenschaft $\zeta(1 + it) \neq 0$ mit dem Primzahlsatz äquivalent ist.

Der Primzahlsatz wird meistens in der Form

$$\pi(x) \sim x/\log x \quad \text{für} \quad x \to \infty \tag{1}$$

ausgesprochen. Im Kapitel VII haben wir gesehen, dass

$$\psi(x) \sim x \quad \text{für} \quad x \to \infty \tag{2}$$

eine zu (1) äquivalente Aussage ist, und wir werden den Primzahlsatz in dieser Form beweisen.

Dazu brauchen wir die Beziehung

$$-\frac{\zeta'(s)}{\zeta(s)} = s \int_1^\infty \frac{\psi(u)}{u^{s+1}}\, du \,, \tag{3}$$

die wir im Kapitel VII für reelles s, $s > 1$, aus der Abelschen Summationsformel erhalten haben. Durch analytische Fortsetzung bleibt (3) für komplexes s, $s = \sigma + it$, mit $\sigma > 1$ gültig.

Mit der Substitution $u = e^x$ liefert (3) die Beziehung

$$-\frac{\zeta'(s)}{s\,\zeta(s)} = \int_0^\infty \psi(e^x)e^{-xs}\,dx, \quad \sigma > 1, \tag{4}$$

aus der wir die Behauptung $\psi(e^x) \sim e^x$, d.h. $\psi(x) \sim x$, für $x \to \infty$ herleiten werden.

Wir wissen, dass $\zeta(s) \neq 0$ für $\sigma > 1$ und eine in der Halbebene $\sigma > 0$ analytische Funktion ist, mit Ausnahme eines einfachen Poles mit dem Residuum 1 im Punkte $s = 1$. Nun zeigen wir, dass $\zeta(s) \neq 0$ auch für $\sigma = 1$ gilt.

Satz 1 (Hadamard-de la Vallée Poussin): Für $t \neq 0$ gilt $\zeta(1 + it) \neq 0$.

Beweis: Die Identität

$$\zeta(s) = \prod_p \left(1 - p^{-s}\right)^{-1} \qquad (\sigma > 1)$$

liefert, wie im Kapitel X , die Entwicklung

$$\log \zeta(s) = \sum_{m,p} \frac{1}{mp^{ms}} \qquad (\sigma > 1), \tag{5}$$

wobei m alle positiven ganzen Zahlen und p alle Primzahlen durchläuft. Folglich gilt

$$\log |\zeta(s)| = \operatorname{Re}\left(\log \zeta(s)\right) = \operatorname{Re}\left(\sum_{m,p} \frac{1}{mp^{ms}}\right).$$

Nun ist $\sum\limits_{m,p} \frac{1}{mp^{ms}} = \sum\limits_{n=2}^{\infty} \frac{c_n}{n^s}$ eine Dirichletsche Reihe,
mit den Koeffizienten

$$c_n = \begin{cases} \frac{1}{m} & \text{falls } n = p^m, \\ 0 & \text{sonst.} \end{cases}$$

Somit haben wir $\log |\zeta(s)| = \mathrm{Re}\left(\sum \frac{c_n}{n^s}\right)$ mit $c_n \geqslant 0$.
Wegen

$$\frac{c_n}{n^s} = \frac{c_n}{n^\sigma} n^{-it} = \frac{c_n}{n^\sigma}\big(\cos(t \log n) - i \sin(t \log n)\big)$$

gilt ferner

$$\log |\zeta(s)| = \sum_{n=2}^{\infty} \frac{c_n}{n^\sigma} \cos(t \log n).$$

Daraus folgt:

$$\log|\zeta^3(\sigma)\zeta^4(\sigma+it)\zeta(\sigma+2it)| = 3 \log|\zeta(\sigma)| + 4 \log|\zeta(\sigma+it)| +$$

$$+ \log|\zeta(\sigma+2it)| = \sum \frac{c_n}{n^\sigma}\big(3+4\cos(t \log n) + \cos(2t \log n)\big) \geqslant 0,$$

da $c_n \geqslant 0$ und

$$3 + 4 \cos \theta + \cos 2\theta = 2(1 + \cos \theta)^2 \geqslant 0 \tag{6}$$

für reelles θ. Also ist $|\zeta^3(\sigma)\zeta^4(\sigma+it)\zeta(\sigma+2it)| \geqslant 1$,
woraus sich für $\sigma > 1$ ergibt:

$$|(\sigma-1)\zeta(\sigma)|^3 \cdot \left|\frac{\zeta(\sigma+it)}{\sigma-1}\right|^4 \cdot |\zeta(\sigma+2it)| \geqslant \frac{1}{\sigma-1}. \tag{7}$$

Aus dieser Ungleichung folgt leicht, dass die Annahme $\zeta(1 + it) = 0$ für ein gewisses $t = t_o \neq 0$ zu einem Widerspruch führt. Denn nimmt man $t = t_o$ in (7), und lässt man $\sigma \to 1 + 0$ streben, so strebt die rechte Seite von (7) gegen ∞, während die linke Seite unter der Annahme $\zeta(1 + it_o) = 0$ den Grenzwert $|\zeta'(1 + it_o)|^4 \cdot |\zeta(1 + 2it_o)|$ besitzt, der wegen der Analytizität von $\zeta(s)$ für $\sigma > 0$, $s \neq 1$, endlich ist. Folglich muss $\zeta(1 + it_o) \neq 0$ sein, womit Satz 1 bewiesen ist.

Der Primzahlsatz lässt sich aus Satz 1 ableiten. Der wesentliche Schritt besteht im Beweis von

<u>Satz 2</u> (Wiener-Ikehara): Sei $A(x) \geq 0$ eine nicht-abnehmende Funktion, definiert für $0 \leq x < \infty$. Das Integral

$$\int_0^\infty A(x)e^{-xs}\,dx\,, \qquad s = \sigma + it,$$

konvergiere für $\sigma > 1$ gegen die Funktion $f(s)$, wobei wir voraussetzen, dass $f(s)$ für $\sigma \geq 1$ analytisch sei mit Ausnahme eines einfachen Poles mit dem Residuum 1 in $s = 1$. Dann gilt

$$\lim_{x\to\infty} e^{-x} A(x) = 1.$$

<u>Beweis</u>: Der Beweis wird in zwei Schritten ausgeführt. Wir betrachten die Funktion

$$B(x) = e^{-x} A(x) \tag{8}$$

und zeigen zunächst, dass für jedes $\lambda > 0$,

$$\lim_{y\to\infty} \int_{-\infty}^{\lambda y} B\left(y - \frac{v}{\lambda}\right) \frac{\sin^2 v}{v^2}\, dv = \pi \tag{9}$$

gilt. Daraus wird dann im zweiten Teil

$$\lim_{x\to\infty} B(x) = 1 \tag{10}$$

hergeleitet.

Erster Teil: Für $\sigma > 1$ gilt

$$f(s) = \int_0^\infty A(x) e^{-xs}\, dx \quad \text{und} \quad \frac{1}{s-1} = \int_0^\infty e^{-(s-1)x}\, dx,$$

also

$$f(s) - \frac{1}{s-1} = \int_0^\infty \big(B(x)-1\big) e^{-(s-1)x}\, dx \qquad (\sigma > 1).$$

Wir setzen

$$g(s) = f(s) - \frac{1}{s-1}, \quad \text{und} \quad g_\varepsilon(t) = g(1+\varepsilon+it) \text{ für } \varepsilon > 0.$$

Nach Definition von $f(s)$ ist $g(s)$ für $\sigma \geqslant 1$ analytisch.

Für $\lambda > 0$ betrachten wir

$$\frac{1}{2}\int_{-2\lambda}^{2\lambda} g_\varepsilon(t)\left(1-\frac{|t|}{2\lambda}\right)e^{iyt}dt = \frac{1}{2}\int_{-2\lambda}^{2\lambda}\left(1-\frac{|t|}{2\lambda}\right)e^{iyt}dt \int_0^\infty\big(B(x)-1\big)e^{-(\varepsilon+it)x}dx. \tag{11}$$

Wir dürfen die Integrationsreihenfolge rechts ändern, da für jedes $\varepsilon > 0$, $\lim_{x\to\infty} B(x)e^{-\varepsilon x} = 0$ und daher das Integral

$$\int_0^\infty \left(B(x)-1\right)e^{-(\varepsilon + it)x}\, dx$$

gleichmässig im Intervall $-2\lambda \leqslant t \leqslant 2\lambda$ konvergiert. Denn: $A(x)$ ist nicht-abnehmend, also ist für <u>reelles</u> s und für $x > 0$

$$f(s) = \int_0^\infty A(u)e^{-su}\, du \geqslant A(x) \int_x^\infty e^{-us}\, du = A(x)\, \frac{e^{-xs}}{s}\ ,$$

das heisst $A(x) \leqslant s\, f(s)e^{xs}$. Da $f(s)$ für $\sigma > 1$ analytisch ist, folgt daraus: $A(x) = O\left(e^{xs}\right)$ für <u>jedes</u> reelle $s > 1$. Daher gilt auch $A(x) = o\left(e^{xs}\right)$ für jedes reelle $s > 1$. Somit haben wir

$$B(x)e^{-\varepsilon x} = A(x)e^{-(1+\varepsilon)x} = o(1),$$

das heisst

$$B(x) = o\left(e^{\varepsilon x}\right)\ , \quad \text{für jedes} \quad \varepsilon > 0.$$

Die Vertauschung der Integrationsreihenfolge in (11) liefert

$$\frac{1}{2}\int_{-2\lambda}^{2\lambda} g_\varepsilon(t)\left(1-\frac{|t|}{2\lambda}\right)e^{iyt}dt = \int_0^\infty \left(B(x)-1\right)e^{-\varepsilon x}dx \int_{-2\lambda}^{2\lambda} \frac{1}{2}\, e^{i(y-x)t}\, \left(1-\frac{|t|}{2\lambda}\right)dt$$

$$= \int_0^\infty \left(B(x)-1\right)e^{-\varepsilon x}\, \frac{\sin^2 \lambda(y-x)}{\lambda(y-x)^2}\, dx. \qquad (12)$$

Wir lassen jetzt $\varepsilon \to +0$ streben. Da $g(s)$ für $\sigma \geqslant 1$ analytisch ist, strebt $g_\varepsilon(t)$ gleichmässig gegen $g(1 + it)$

in jedem Intervall $-2\lambda \leq t \leq 2\lambda$, wenn $\varepsilon \to 0$ strebt. Ferner ist

$$\lim_{\varepsilon\to 0} \int_0^\infty e^{-\varepsilon x} \frac{\sin^2 \lambda(y-x)}{\lambda(y-x)^2}\, dx = \int_0^\infty \frac{\sin^2 \lambda(y-x)}{\lambda(y-x)^2}\, dx,$$

also existiert

$$\lim_{\varepsilon\to 0} \int_0^\infty B(x) e^{-\varepsilon x} \frac{\sin^2 \lambda(y-x)}{\lambda(y-x)^2}\, dx.$$

Ferner ist der Integrand positiv und für $\varepsilon \to 0$ monoton wachsend, also ist

$$\lim_{\varepsilon\to 0} \int_0^\infty B(x) e^{-\varepsilon x} \frac{\sin^2 \lambda(y-x)}{\lambda(y-x)^2}\, dx = \int_0^\infty B(x) \frac{\sin^2 \lambda(y-x)}{\lambda(y-x)^2}\, dx.$$

Wir erhalten daher aus (12):

$$\frac{1}{2} \int_{-2\lambda}^{2\lambda} g(1+it)\left(1-\frac{|t|}{2\lambda}\right) e^{iyt}\, dt = \int_0^\infty B(x) \frac{\sin^2 \lambda(y-x)}{\lambda(y-x)^2}\, dx - \int_0^\infty \frac{\sin^2 \lambda(y-x)}{\lambda(y-x)^2}\, dx.$$

Nun lassen wir $y \to \infty$ streben. Nach dem Satz von Riemann-Lebesgue strebt die linke Seite gegen Null. Auf der rechten Seite ist

$$\lim_{y\to\infty} \int_0^\infty \frac{\sin^2 \lambda(y-x)}{\lambda(y-x)^2}\, dx = \lim_{y\to\infty} \int_{-\infty}^{\lambda y} \frac{\sin^2 v}{v^2}\, dv = \pi .$$

Damit ist (9) bewiesen.

Zweiter Teil: Wir beweisen (10) indem wir zeigen, dass

$$\overline{\lim_{x\to\infty}}\ B(x) \leq 1 \tag{13}$$

und

$$\underline{\lim_{x\to\infty}}\ B(x) \geq 1 \tag{14}$$

gilt.

Um (13) zu erhalten, wählen wir bei gegebenen positiven Zahlen λ und y eine Zahl a derart, dass $0 < a < \lambda y$. Dann folgt aus (9):

$$\overline{\lim_{y\to\infty}} \int_{-a}^{a} B\left(y - \frac{v}{\lambda}\right) \frac{\sin^2 v}{v^2}\, dv \leq \pi ,$$

da der Integrand positiv ist. Ferner ist $A(u) = B(u)e^u$ nicht-abnehmend, also gilt für $-a \leq v \leq a$:

$$e^{y-\frac{a}{\lambda}} B\left(y - \frac{a}{\lambda}\right) \leq e^{y-\frac{v}{\lambda}} B\left(y - \frac{v}{\lambda}\right)$$

und folglich

$$B\left(y - \frac{v}{\lambda}\right) \geq B\left(y - \frac{a}{\lambda}\right) e^{(v-a)/\lambda} \geq B\left(y - \frac{a}{\lambda}\right) e^{-2a/\lambda} .$$

Daher ist

$$\overline{\lim_{y\to\infty}} \int_{-a}^{a} B\left(y - \frac{a}{\lambda}\right) e^{-2a/\lambda} \frac{\sin^2 v}{v^2}\, dv \leq \pi,$$

das heisst

$$e^{-2a/\lambda} \int_{-a}^{a} \frac{\sin^2 v}{v^2} \; \overline{\lim_{y\to\infty}} \; B\left(y - \frac{a}{\lambda}\right) dv \leqslant \pi \; .$$

Für feste Zahlen a und λ ist $\overline{\lim\limits_{y\to a}} \, B\left(y - \frac{a}{\lambda}\right) = \overline{\lim\limits_{y\to\infty}} \, B(y)$; somit haben wir

$$e^{-2a/\lambda} \; \overline{\lim_{y\to\infty}} \; B(y) \int_{-a}^{a} \frac{\sin^2 v}{v^2} \, dv \leqslant \pi \qquad \text{für alle} \quad a > 0, \; \lambda > 0.$$

Nun lassen wir a und λ derart gegen ∞ streben, dass $a/\lambda \to 0$ strebt. Dann bekommen wir die Ungleichung

$$\overline{\lim_{y\to\infty}} \; B(y) \int_{-\infty}^{+\infty} \frac{\sin^2 v}{v^2} \, dv \leqslant \pi \; ,$$

das heisst

$$\pi \; \overline{\lim_{y\to\infty}} \; B(y) \leqslant \pi \; ,$$

womit (13) bewiesen ist.

Wir wenden nun (13) an, um (14) zu erhalten. Für genügend grosses x gilt $|B(x)| \leqslant C$ also haben wir für feste positive a und λ und genügend grosses y:

$$\int_{-\infty}^{\lambda y} B\left(y - \frac{v}{\lambda}\right) \frac{\sin^2 v}{v^2} \, dv \leqslant C \left\{ \int_{-\infty}^{-a} + \int_{a}^{\infty} \right\} \frac{\sin^2 v}{v^2} \, dv + \int_{-a}^{a} B\left(y - \frac{v}{\lambda}\right) \frac{\sin^2 v}{v^2} \, dv. \tag{15}$$

Wie vorhin gilt für $-a \leq v \leq a$:

$$B\left(y - \frac{v}{\lambda}\right) \leq B\left(y + \frac{a}{\lambda}\right) e^{2a/\lambda} ,$$

und daher

$$\int_{-a}^{a} B\left(y - \frac{v}{\lambda}\right) \frac{\sin^2 v}{v^2}\, dv \leq \int_{-a}^{a} B\left(y + \frac{a}{\lambda}\right) e^{2a/\lambda} \frac{\sin^2 v}{v^2}\, dv. \tag{16}$$

Aus (9), (15) und (16) folgt nun

$$\pi \leq C \left\{ \int_{-\infty}^{-a} + \int_{a}^{\infty} \right\} \frac{\sin^2 v}{v^2}\, dv + \int_{-a}^{a} \varlimsup_{y \to \infty} B\left(y + \frac{a}{\lambda}\right) e^{2a/\lambda} \frac{\sin^2 v}{v^2}\, dv,$$

das heisst

$$\pi \leq C \left\{ \int_{-\infty}^{-a} + \int_{a}^{\infty} \right\} \frac{\sin^2 v}{v^2}\, dv + \varlimsup_{y \to \infty} B(y) \int_{-a}^{a} e^{2a/\lambda} \frac{\sin^2 v}{v^2}\, dv.$$

Wiederum lassen wir $a \to \infty$, $\lambda \to \infty$ streben, wobei $a/\lambda \to 0$. Wir erhalten

$$\pi \leq \pi \varlimsup_{y \to \infty} B(y) ,$$

und (14) ist bewiesen. Damit ist der Beweis von Satz 2 vollständig.

Sätze 1 und 2 zusammen liefern den Primzahlsatz, wenn wir $A(x) = \psi(e^x)$ setzen und die Beziehung (4) anwenden. Die Funktion $\zeta(s)$ ist analytisch für $\sigma > 0$ mit Ausnahme eines einfachen Poles mit dem Residuum 1 im Punkte $s = 1$, und besitzt keine Nullstellen in der Halbebene $\sigma \geq 1$. Ferner ist ψ nicht-abnehmend und $\psi(e^x) \geq 0$. Wir haben also

$$\psi(e^x) \sim e^x \,, \quad \text{oder} \quad \psi(x) \sim x,$$

für $x \to \infty$, und damit ist der Primzahlsatz bewiesen.

Am Anfang dieses Kapitels haben wir erwähnt, dass Satz 1 und der Primzahlsatz äquivalent sind. Nun wollen wir zeigen, wie man aus dem Primzahlsatz die Aussage $\zeta(1 + it) \neq 0$ ableiten kann. Es sei

$$\Phi(s) = -\frac{\zeta'(s)}{s\,\zeta(s)} - \frac{1}{s-1} = \int_1^\infty \frac{\psi(x)-x}{x^{s+1}}\,dx, \qquad \sigma > 1.$$

Dann ist $\Phi(s)$ regulär für $\sigma > 0$, mit Ausnahme von einfachen Polen in den eventuellen Nullstellen von $\zeta(s)$. Aus dem Primzahlsatz wissen wir, dass $\psi(x) = x + o(x)$ für $x \to \infty$ gilt. Also gibt es zu jedem $\varepsilon > 0$ eine Zahl $x_o(\varepsilon)$ derart, dass für $x \geq x_o(\varepsilon) > 1$ gilt

$$|\psi(x) - x| < \varepsilon \,.$$

Folglich ist für $\sigma > 1$

$$|\Phi(s)| \leq \int_1^{x_o} \frac{\psi(x)-x}{x^2}\,dx + \int_{x_o}^\infty \frac{\varepsilon}{x^\sigma}\,dx.$$

Wegen $\int_{x_o}^\infty \frac{\varepsilon}{x^\sigma}\,dx < \int_1^\infty \frac{\varepsilon}{x^\sigma}\,dx = \frac{\varepsilon}{\sigma-1}$ folgt daraus:

$$|\Phi(s)| < K + \frac{\varepsilon}{\sigma-1} \quad \text{für} \quad \sigma > 1,$$

wobei $K = K(x_0) = K(\varepsilon)$. Somit ist

$$(\sigma - 1)\ |\Phi(s)| < K(\sigma - 1) + \varepsilon.$$

Wenn wir nun $\sigma \to 1 + 0$ streben lassen, so erhalten wir für beliebiges festes t:

$$\lim_{\sigma \to 1+0} (\sigma - 1)\ \Phi(\sigma + it) = 0. \qquad (17)$$

Wäre nun $1 + it$, $t \neq 0$, eine Nullstelle von $\zeta(s)$, so wäre $1 + it$ ein einfacher Pol von $\Phi(s)$. Dann wäre aber der Grenzwert von $(\sigma - 1)\ \Phi(\sigma + it)$ bei $\sigma \to 1+0$ gleich dem Residuum von $\Phi(s)$ im einfachen Pol $1 + it$, also von Null verschieden, in Widerspruch zu (17). Also ist $\zeta(1 + it) \neq 0$ für $t \neq 0$.

Offsetdruck: Julius Beltz, Weinheim/Bergstr.

Lecture Notes in Mathematics

Bisher erschienen/Already published

Beschaffenheit der Manuskripte
Die Manuskripte werden photomechanisch vervielfältigt; sie müssen daher in sauberer Schreibmaschinenschrift geschrieben sein. Handschriftliche Formeln bitte nur mit schwarzer Tusche oder roter Tinte eintragen. Korrekturwünsche werden in der gleichen Maschinenschrift auf einem besonderen Blatt erbeten (Zuordnung der Korrekturen im Text und auf dem Blatt sind durch Bleistiftziffern zu kennzeichnen). Der Verlag sorgt dann für das ordnungsgemäße Tektieren der Korrekturen. Falls das Manuskript oder Teile desselben neu geschrieben werden müssen, ist der Verlag bereit, dem Autor bei Erscheinen seines Bandes einen angemessenen Betrag zu zahlen. Die Autoren erhalten 25 Freiexemplare.

Manuskripte, in englischer, deutscher oder französischer Sprache abgefaßt, nimmt Prof. Dr. A. Dold, Mathematisches Institut der Universität Heidelberg, Tiergartenstraße oder Prof. Dr. B. Eckmann, Eidgenössische Technische Hochschule, Zürich, entgegen.

Cette série a pour but de donner des informations rapides, de niveau élevé, sur des développements récents en mathématiques, aussi bien dans la recherche que dans l'enseignement supérieur. On prévoit de publier

1. des versions préliminaires de travaux originaux et de monographies
2. des cours spéciaux portant sur un domaine nouveau ou sur des aspects nouveaux de domaines classiques
3. des rapports de séminaires
4. des conférences faites à des congrès ou des colloquiums

En outre il est prévu de publier dans cette série, si la demande le justifie, des rapports de séminaires et des cours multicopiés ailleurs qui sont épuisés.

Dans l'intérêt d'une grande actualité les contributions pourront souvent être d'un caractère provisoire; le cas échéant, les démonstrations ne seront données qu'en grande ligne, et les résultats et méthodes pourront également paraître ailleurs. Par cette série de »prépublications« les éditeurs Springer espèrent rendre d'appréciables services aux instituts de mathématiques par le fait qu'une réserve suffisante d'exemplaires sera toujours à disposition et que les intéressés pourront plus facilement être atteints. Les annonces dans les revues spécialisées, les inscriptions aux catalogues et les copyrights faciliteront pour les bibliothèques mathématiques la tâche de dresser une documentation complète.

Présentation des manuscrits
Les manuscrits étant reproduits par procédé photomécanique, doivent être soigneusement dactylographiés. Il est demandé d'écrire à l'encre de Chine ou à l'encre rouge les formules non dactylographiées. Des corrections peuvent également être dactylographiées sur une feuille séparée (prière d'indiquer au crayon leur ordre de classement dans le texte et sur la feuille), la maison d'édition se chargeant ensuite de les insérer à leur place dans le texte. S'il s'avère nécessaire d'écrire de nouveau le manuscrit, soit complètement, soit en partie, la maison d'édition se déclare prête à se charger des frais à la parution du volume. Les auteurs recoivent 25 exemplaires gratuits.

Les manuscrits en anglais, allemand ou français peuvent être adressés au Prof. Dr. A. Dold, Mathematisches Institut der Universität Heidelberg, Tiergartenstraße ou Prof. Dr. B. Eckmann, Eidgenössische Technische Hochschule, Zürich.